高等院校系列教材

农田土壤微生物生态学实验教程

主　编：连腾祥
副主编：赵　帅　王孝林
编　委：谢志煌　周　磊

中国环境出版集团·北京

图书在版编目（CIP）数据

农田土壤微生物生态学实验教程 / 连腾祥主编. --北京：中国环境出版集团, 2024.5
高等院校系列教材
ISBN 978-7-5111-5855-0

Ⅰ.①农… Ⅱ.①连… Ⅲ.①耕作土壤－土壤微生物－微生物生态学－实验－高等学校－教材 Ⅳ.①S155.4-33

中国国家版本馆 CIP 数据核字(2024)第 093677 号

出 版 人	武德凯	
责任编辑	宾银平	
封面设计	彭 杉	

出版发行	中国环境出版集团	
	（100062 北京市东城区广渠门内大街 16 号）	
网 址	http://www.cesp.com.cn	
电子邮箱	bjgl@cesp.com.cn	
联系电话	010-67112765（编辑管理部）	
	010-67113412（第二分社）	
发行热线	010-67125803，010-67113405（传真）	
印 刷	玖龙（天津）印刷有限公司	
经 销	各地新华书店	
版 次	2024 年 5 月第 1 版	
印 次	2024 年 5 月第 1 次印刷	
开 本	787×1092 1/16	
印 张	10.75	
字 数	260 千字	
定 价	49.00 元	

【版权所有。未经许可，请勿翻印、转载，违者必究。】
如有缺页、破损、倒装等印装质量问题，请寄回本集团更换。

中国环境出版集团郑重承诺：
中国环境出版集团合作的印刷单位、材料单位均具有中国环境标志产品认证。

前　言

随着现代生物技术的进步和应用，以微生物为对象的研究方法和探索方向得到了广泛关注和发展。微生物的独特性质和多样性，如繁殖速度快、适应力强、代谢多样化，使其在生态学、医学、工业以及农业等领域发挥了重要作用。本书旨在介绍农田土壤微生物生态学的基础知识和实验技术，并提供关于土壤微生物群落研究的分析过程。

本书分为三部分，第一部分是农田土壤微生物生态学基础，主要探讨农田土壤微生物的基础知识和生态作用，包括微生物的种类和功能。通过本部分学习，可以了解微生物在土壤生态系统中的作用，特别是细菌和真菌对土壤养分循环和植物健康的影响。第二部分是土壤微生物生态学实验技术，主要介绍一系列与土壤微生物研究相关的实验技术。从土壤样品的采集和处理，到微生物的分离、培养和保藏，再到分子生物学技术在农田微生物研究中的应用，涉及各种先进的实验方法和技术。第三部分是土壤微生物群落研究分析过程。随着技术的不断进步，研究人员能够更全面地了解土壤微生物群落的组成和功能。本部分介绍如何安装和应用一些主要的工具，如 Linux 系统和 R 语言，以支持土壤微生物群落研究的数据分析过程。通过本部分学习，可以获得关于微生物群落研究分析的思路和方法，从而能够独立开展研究工作。

本书能够帮助读者建立对农田土壤微生物生态学的全面认识，并提供实践中所需的基础知识和技能。无论是从事相关研究的专业人士，还是对土壤微生物生态学感兴趣的学生，都能够从本书中获得有价值的参考和指导。

本书第一部分由华南农业大学连腾祥副教授和中国科学院新疆生态与地理研究所赵帅副研究员编写；第二部分由连腾祥、赵帅、华南农业大学王孝林教授、福建农林大学谢志煌博士、华南农业大学周磊副教授编写；第三部分由连腾祥、赵帅、王孝林和周磊编写。同时，刘灵锐等同学在编写过程中做了大量的资料准备与校对工作。

本书编写限于水平和时间原因，不足之处在所难免，请读者批评指正。

编　者

2023 年 9 月于广州

目 录

第一部分 农田土壤微生物生态学基础

第1章 农田土壤微生物基础知识 3
1.1 农田土壤微生物概述 3
1.2 土壤微生物的生态位 5
1.3 微生物对农田生态系统的重要性 6

第2章 农田土壤微生物的生态作用 8
2.1 农田土壤细菌的生态作用 8
2.2 农田土壤真菌的生态作用 9
2.3 农田土壤真菌-细菌之间的相互作用 9

第二部分 土壤微生物生态学实验技术

第3章 土壤样品的采集和处理 13
3.1 土壤样品的采集 13
3.2 土壤样品的处理和储存 14

第4章 土壤微生物的分离、培养和保藏 16
4.1 培养基制备 16
4.2 微生物的分离和培养方法 17
4.3 微生物的保藏 22

第5章 土壤微生物数量和生物量的测定 26
5.1 土壤微生物直接计数法 26
5.2 土壤微生物活菌测数法 28

第6章 土壤微生物的分类鉴定 30
6.1 普通光学显微镜的使用技术 30
6.2 细菌形态学观察 33

6.3 放线菌形态学观察 37
6.4 酵母菌形态学观察 38
6.5 霉菌形态学观察 39
6.6 生物化学反应法鉴定 40
6.7 核酸序列结构在微生物物种鉴定中的应用 46
6.8 微生物种类的自动化鉴定 52

第 7 章 农田土壤养分测定实验 54
7.1 农田土壤有机质测定实验（重铬酸钾-热容量法） 54
7.2 农田土壤全氮测定实验（重铬酸钾-硫酸消化法+半微量开氏蒸馏法） 56
7.3 农田土壤铵态氮测定实验（2 mol/L KCl 浸提-蒸馏法） 58
7.4 农田土壤硝态氮测定实验（酚二磺酸比色法） 59
7.5 农田土壤全磷测定实验（硫酸-高氯酸消煮+钼锑抗比色法）..... 61
7.6 农田土壤速效磷测定实验（碳酸氢钠浸提+钼锑抗比色法）.... 63
7.7 农田土壤全钾测定实验（Na_2CO_3 熔融-火焰光度计法） 65
7.8 农田土壤速效钾测定实验（醋酸铵-火焰光度计法） 67

第 8 章 农田土壤酶活性测定实验 69
8.1 农田土壤脲酶活性测定实验 69
8.2 农田土壤磷酸酶活性测定实验 70
8.3 农田土壤蛋白酶活性测定实验 71
8.4 农田土壤蔗糖酶活性测定实验 72
8.5 农田土壤过氧化氢酶活性测定实验 73

第 9 章 分子生物学技术在农田微生物研究中的应用 75
9.1 土壤总 DNA 提取 75
9.2 土壤微生物 DNA 的 PCR 和 qPCR 扩增 76

第三部分　土壤微生物群落研究分析过程

第 10 章 美国国家生物技术信息中心网站相关应用 81
10.1 美国国家生物技术信息中心简介 81
10.2 NCBI 数据库和软件 81
10.3 BLAST 序列比对 82
10.4 NCBI 上传原始数据 86

第 11 章 Linux 系统入门及编程基础 91
11.1 Linux 系统概述及 Ubuntu 子系统安装方法 91
11.2 Linux 系统实战安装教程 92

    11.3 文件和目录基本操作命令 93

第 12 章　R 语言入门及编程基础 95
    12.1 R 语言概述 95
    12.2 R 和 RStusio 安装教程以及开发环境 96
    12.3 使用 R 命令的基础知识 101

第 13 章　微生物群落研究分析 104
    13.1 微生物群落研究的重要性 104
    13.2 微生物群落研究整体思路 105
    13.3 微生物群落研究的主要分析方法 106

附　录 137
    附录 1　微生物实验室安全须知 139
    附录 2　微生物实验室无菌、安全和急救知识 141
    附录 3　微生物实验室常用器皿 143
    附录 4　微生物实验室相关仪器的使用 145
    附录 5　微生物实验室常见培养基 150
    附录 6　微生物实验室常用染色液配制 154

参考文献 157

第一部分

农田土壤微生物生态学基础

第 1 章 农田土壤微生物基础知识

1.1 农田土壤微生物概述

农田属于典型的农业生态系统，具有重要的生态服务价值，包括固碳、物质循环、水土保持和农产品供应等，为人类的生产生活提供了保障，在作物产量的可持续性、粮食的安全性和农业环境保护等方面至关重要。我国耕地面积约为 19.14 亿亩[①]，其中划有 18 亿亩耕地红线，主要种植的作物有水稻、小麦、玉米等，粮食自给率接近 100%，这为我国的粮食安全提供了坚实的物质基础。然而，农田生态系统种植的作物较单一，受农业生产活动的干扰较大，各种物理、化学和生物特征变化剧烈，是一个比较脆弱的生态系统。

土壤微生物是指生活在土壤中的细菌、真菌、原生动物和藻类等生物的总称。其个体微小，一般以微米或毫微米来计算，通常 1 g 土壤中有几亿个到几百亿个，其种类和数量随成土环境及其土层深度的不同而变化。它们在土壤中进行氧化、硝化、氨化、固氮、硫化等过程，促进土壤有机质的分解和养分的转化。土壤微生物一般以细菌数量最多，有益的细菌有固氮菌、硝化细菌和腐生细菌等；有害的细菌有黄单孢杆菌等。土壤微生物是土壤中物质形成与转化的关键动力，伴随着土壤的形成与发育，在维系土壤结构、保育土壤肥力、促进植物生长等方面起着不可替代的作用。土壤微生物也是主要分解者，对生态环境起着天然的过滤和净化作用，是决定土壤自净、污染物消纳等重要功能的主导因子。

1.1.1 细菌（bacteria）

细菌是微小的单细胞原核生物［(0.5～1) μm×(1.0～2.0) μm］。然而，尽管个体微小，它们仍然是土壤中最丰富的微生物类群，其数量通常比其他类群数量多，可能相当于土壤中微生物总量的一半。在一块健康的农田中，每克土壤中细菌的数量可达 3 亿个。根据在土壤中的存在情况，细菌被分为两类，即土著细菌和外来者。许多细菌具有形成孢子的能力，孢子形成坚硬的外壳，有助于细菌在不利环境中生存。此外，细菌的数量和类型还受土壤类型及其微环境、有机质、耕作方式等因素的影响，它们在耕地中的数量比没有开垦的土地中多；在根际土壤中丰度最高，在非根际土壤中较少，这可能与土壤中养分有效性相关。细菌不是在土壤中自由存在的，而是与土壤颗粒紧密结合或嵌入有机基质中；即使添加了土壤分散剂，细菌也不会完全从土壤颗粒中分离出来，作为单个细胞在土壤中分布。土壤团聚体内部含有较高水平的革兰氏阴性菌，而外部含有较高水平的革兰氏阳性

---

① 1 亩≈666.67 m²。

菌，这可能与土壤团聚体的形成、运动、表面变化和细菌的生命周期有关。

1.1.2 真菌（fungi）

土壤中真菌的数量仅次于细菌。在大多数通气或栽培土壤中，真菌由于其直径大、菌丝网粗大而占微生物总生物量的主要部分。每克干土中真菌的数量从 2 000 个到 10 万个不等。真菌可以从有机物、活的动物（包括原生动物、节肢动物、线虫等）及活的植物中获取营养。土壤中有机质的质量和数量直接影响到土壤中真菌的数量，因为大多数真菌在营养上是异养的。可耕土壤含有丰富的真菌，因为多数真菌是严格需氧的，土壤水分过多会减少真菌的数量。从土壤剖面的不同层位分离真菌表明，这些微生物对不同深度的土壤表现出选择性的偏好。那些在较低深度常见的真菌很少出现在土壤表面，这可能是因为不同深度土壤中有机质可用性不同或气体中氧与二氧化碳的比率不同。真菌数量的季节性波动并不罕见，作物轮作、施用化肥或农药都会影响真菌的性质和优势种群。降解有机质和促进土壤团聚体形成是真菌在土壤中的主要功能之一。除此之外，某些种类的真菌能够在土壤中产生类似于腐殖质的物质，在土壤有机质的维持中是非常重要的。另外，一些真菌通常在作物的根系上形成外生菌根，有助于土壤磷和氮向植物中的迁移。在许多情况下，人们可以通过接种菌根真菌来帮助植物建立良好的生长条件。

1.1.3 放线菌（actinomycetes）

放线菌是细菌的一个类群，但具有细菌和真菌的共同特征，因在固体培养基上呈辐射状生长而得名。在琼脂平板培养基上，放线菌的菌落很容易与其他细菌区分开来。放线菌菌落出现缓慢，呈粉末状，并牢牢地黏在琼脂表面。在复合显微镜下仔细观察菌落，发现纤细的单细胞分枝菌丝（菌丝直径很少超过 1 μm）形成无性孢子进行繁殖。另外，放线菌的细胞壁组成与真菌不同，它们没有真菌细胞壁中常见的几丁质和纤维素。放线菌是革兰氏阳性菌，并且能够释放抗生素物质。对于放线菌来说，限制它们数量最大的因素是 pH。它们不耐酸，在 pH 达到 5.0 时数量就开始下降，最有利的 pH 为 6.5～8.0。土壤淹水不利于放线菌的生长，反而干旱和半干旱地区的荒漠土壤维持着相当数量的放线菌种群，这可能是由于放线菌孢子对干旱的抵抗力较强。此外，放线菌在微生物总种群中的比例随着土壤深度的增加而增加，即使从土壤剖面的底土层获得的土壤样本中也可以分离出足够数量的放线菌。温度在 25～30℃有利于放线菌的生长，但在 55～65℃进行发酵的堆肥中，放线菌也很常见，这些放线菌多属于高温放线菌属（*Thermoactinomyces*）和链霉菌属（*Streptomyces*）。

1.1.4 原生动物（protozoan）

原生动物门属真核原生生物界，是单细胞的微型动物，由原生质和一个或多个细胞核组成。原生动物和多细胞动物相同，具有新陈代谢、运动、繁殖、对外界刺激的感应性和对环境的适应性等生理功能。原生动物个体很小，长度一般在 100～300 μm。它们都具有细胞膜。多数种属的细胞膜结实而富有弹性，从而使原生动物本体保持一定的体形。但也有一些种属，例如变形虫，只有一层极薄的原生质膜，不能保持固定的体形。原生动物一般具有一个或两个以上的细胞核，其形状多种多样，它们在其细胞内产生形态的分化，形成了能够执行各项生命活动和生理功能的胞器。在运动胞器方面有鞭毛、伪足和纤毛；在营养胞器方面有胞口、胞咽和食物泡；用以排出废料和调节渗透压的胞器有伸缩泡等。有些种类的原生动物的细胞膜内分布着肌丝，具有收缩变形的功能。原生动物的营养方式分为以下几类：①动物性营养，以吞食细菌、真菌、藻类或有机颗粒为生，绝大多数原生动物的营养方式为动物性营养，有些具有胞口、胞咽等摄食器；②植物性营养，在有阳光的条件下，一些含色素的原生动物可利用二氧化碳和水进行光合作用合成碳水化合物，如植物性鞭毛虫，但种类和数量很少；③腐生性营养，以死的机体或无生命的可溶性有机物质为生；④寄生性营养，以其他生物的机体（寄主）作为生存的场所，并获得营养和能量。

1.1.5 土壤藻类（algae）

土壤藻类不同于土壤中的其他有机体，它们具有光合色素，能够在光照下利用二氧化碳合成碳化合物并生成氧气。对光的需求导致它们在土壤表层更丰富。当土壤没有被植被或地表凋落物严重遮蔽时，微藻（microalgae）的发育最为丰富。微藻在土壤中的最大记录深度为2 m。蓝藻是土壤中最常见的一类藻类。很多类型的蓝藻出现在土壤中，据报道，它们具有固定空气中氮的能力，是土壤中氮富集的重要组成部分，并且许多土壤蓝藻可以抵御长期干旱。因此，在农业微生物学领域，蓝藻已经可以作为生物肥料使用。此外，蓝藻也可用于土壤的修复，如修复碱性土、处理被污水污染的土壤等。这些成果使微生物应用领域发生了革命性的变化。

1.2 土壤微生物的生态位

土壤通常被称为"地球的皮肤"，因为它是所有陆地生态系统的基础，是数以百万计的微生物的家园，微生物在维持土壤健康和功能方面发挥着关键作用。这些微生物包括细菌、真菌、古细菌、放线菌、原生动物和藻类。它们在土壤中各占据了一个独特的生态位，这对生态系统的平衡至关重要。

生态位指的是一个特定生物体在其生态系统中的具体作用和功能。生态位决定了微生物在土壤环境中的分布，以及微生物如何与其他有机体和环境因素相互作用。土壤的属性和特征，如土壤质地、养分供应和pH，在决定土壤微生物的生态位方面起着关键作用。

土壤细菌是土壤微生物中最丰富和最多样的群体。它们在养分循环、分解和土壤聚集体的形成中发挥着重要作用。这些细菌广泛地生活在生态环境中，其中一些专门用于特定的土壤环境。例如，一些细菌在低营养环境中生长，如沙漠土壤，而另一些则喜欢高营养环境，如湿地土壤。决定土壤细菌生态位的另一个重要因素是氧气的可用性。好氧细菌需要氧气才能生存，而厌氧细菌只能在缺氧的环境中生存。好氧和厌氧细菌之间的这种生态位划分对于土壤中有机物的分解至关重要。厌氧细菌在积水的土壤中占优势，而好氧细菌在排水良好的土壤中占优势。

真菌是土壤微生物的另一个重要群体，在养分循环、分解和土壤结构的形成中起着关键作用。众所周知，它们与植物形成共生关系，形成菌根，使植物能够从土壤中提取营养物质。真菌还为其他土壤生物提供栖息地，如细菌和线虫。土壤真菌占据了大量的生态位，有些真菌专门用于特定的土壤环境。例如，一些真菌专门分解顽固的有机物，如木质素或纤维素，而有些真菌则喜欢分解易溶的碳化合物。土壤真菌的丰度和多样性高度依赖于土壤pH，不同的真菌物种占据不同的pH范围。嗜酸的真菌在酸性土壤中占优势，而嗜碱的真菌在碱性土壤中占优势。影响土壤真菌生态位的其他因素包括土壤有机物含量、水分和温度。

古细菌是一组以在极端环境中生长而闻名的土壤微生物。它们能够适应低盐、酸性和温泉土壤等极端环境，在养分循环中发挥着至关重要的作用，比如通过氨氧化过程将氨转化为亚硝酸盐。在氨氧化过程中，氨氧化古菌（AOA）和氨氧化细菌（AOB）在不同生态环境中起着不同的主导作用。AOA通常在低营养土壤中发现，而AOB在高营养土壤中占主导地位。这意味着不同类型的土壤营养水平对于发生氨氧化作用的微生物群落结构和分布具有重要影响。古细菌的重要性不仅在于其在养分循环中的作用，同时还表现在它们的物质代谢和生产力上。古细菌能够分解有机化合物，同时，有的古细菌还能够在高温和高压等极端环境下生存，这使得古细菌成为研究微生物在极端条件下适应和进化的对象。

放线菌、原生动物和藻类在有机物的分解、土壤结构的形成和营养物质的循环中发挥着重要作用。它们同样占据了广泛的生态位，其中一些专门用于特定的土壤环境。例如，一些放线菌喜欢生活在有机物含量高的土壤中，而另一些则在低营养环境中茁壮成长；某些原生动物在潮湿、通风良好的土壤中生长，而其他原生动物则喜欢氧气含量低的压实土壤。藻类在土壤中占据非常狭窄的生态位，主要局限于有足够阳光进行光合作用的土壤上层。

总之，土壤微生物在维持土壤健康和功能方面发挥着重要作用。每种微生物都在土壤中占有独特的生态位，这是由它们生活的土壤的物理和化学特性决定的。了解土壤微生物的生态位对于制定可持续的土壤管理措施，促进土壤健康和防止退化至关重要。

1.3 微生物对农田生态系统的重要性

土壤是生命存在的必需，它连接着地球的生物圈、岩石圈和大气圈，调节着地球的生物地球化学和养分循环，提供生产食物的基质，充当地下水的过滤器。土壤很复杂，包含多个营养等级群落，具有复杂的基质转运机制、极端的瞬时性和空间的异质性，无数内外反馈决定群落结构和功能，其中的微生物促进许多生态系统功能的调节过程，包括分解、矿化、无机氮循环、无机碳循环、疾病的产生和抑制、污染物移除等。无论是哪种土壤干扰都会影响微生物活性和生态系统功能，土壤的复杂性和高生物多样性促进反馈和潜在的相互作用。越来越多研究人员从整体来考虑生物和非生物的互相作用，这将加深对调节土壤系统机制的理解，也将提高对这些系统遇到干扰后的预测和管理能力。土壤是地球生态系统的重要部分之一，土壤中有多种微生物，它们是该生态系统的主要组成部分，但目前只有极少部分（约1%）的土壤微生物可以进行人为培养分离。

世界范围内的农业实践和粮食生产正在发生根本性的变化。在过去，主要的驱动力是提高粮食作物的产量潜力及其生产力。今天，对生产力的追求越来越多地与对可持续性的渴望甚至需求相结合。土壤是有生命的，土壤微生物就是土壤生命的重要指标，土壤微生物能起到土壤净化的作用，土壤微生物-作物相互作用良好才能保证农业的可持续发展。土壤为土壤微生物提供了良好的栖息与生长环境，同时微生物也通过代谢和分泌物质来参与土壤结构的发生、发展和形成。土壤微生物能够分解有机质来增加土壤肥力，如分解植被凋零物、动物粪便尸体等，土壤微生物通过降解作用释放 CO_2 到环境中参与碳循环；同时土壤微生物也可以是土壤污染物的净化器，如借助它们分解矿物质的能力来处理矿物和尾矿堆；另外，土壤微生物在氮循环中也有着举足轻重的作用，它们不仅参与铵态氮的硝化作用和亚硝酸根的还原作用，部分与植物共生的微生物还能将大气中的氮气利用固氮作用固定成铵态氮，使其成为植物可利用的氮化物。土壤中的微生物不是单独发挥生态系统的调节作用的，它与植物能相互作用，在植物生长的根际，植物的根际分泌物（有机酸、氨基酸、维生素、生长素等）能提供根际微生物能源，同时能对其进行选择作用，根际微生物能反过来促进植物的生长。土壤微生物在土壤形成、生态系统的生物地球化学循环、污染物质的降解和维持地下水质量等方面都具有重要作用，它是影响土壤生态过程的一个重要因素。微生物群落结构与整个生态系统的结构、功能息息相关，是维持土壤生产力的主要组分，是评价土壤质量的重要指标之一。

我国幅员辽阔，土壤、环境情况复杂，给科研工作者提供了不可多得的土壤微生物资源库，把"看不见的"微生物挖掘出来作为安全的农业投入品，来提高作物自身免疫力，减少化学肥料和农药的过量施用，保障我国农业可持续发展过程中的土壤健康和农产品健康，保障农业可持续发展也是保障环境质量和保护未来的自然资源。在农业可持续发展中，需要对土壤肥力及其理化性质进行最佳的利用和管理，两者都依赖于土壤生物过程和土壤生物多样性。这意味着在未来要加强土壤生物活性，就要采取保持土壤长期生产力和保证作物健康的管理措施。

综上所述，微生物在农田生态系统中发挥着不可替代的作用，所以进行土壤微生物的研究对探索农业生态系统功能和促进土壤的可持续利用必不可少。

第 2 章　农田土壤微生物的生态作用

2.1　农田土壤细菌的生态作用

促进植物生长的根际细菌（PGPR）是存在于根际的一组有益细菌，根际是指植物根部周围的区域。这些细菌在促进植物生长和健康、抑制致病微生物、增加养分供应和同化方面起着关键作用。PGPR 被认为是可持续农业实践的关键，因为它们能提高土壤肥力和作物产量，同时减少化肥对环境的负面影响。

PGPR 抵抗各种环境压力的能力，如杂草侵袭、干旱压力、重金属毒性和盐分压力，已经得到了广泛的研究。这些细菌使用各种机制来促进植物生长，并保护它们免受有害病原体的侵害。有几个细菌属，包括芽孢杆菌（*Bacillus*）、醋酸杆菌（*Acetobacter*）、节杆菌（*Arthrobacter*）、巴氏杆菌（*Pasteurella*）、伯克霍尔德菌（*Burkholderia*）、固氮菌（*Azotobacter*）、固氮螺菌（*Azospirillum*）、肠杆菌（*Enterobacter*）、葡糖醋杆菌（*Gluconacetobacter*）、螺旋藻（*Spirulina*）、克雷伯氏菌（*Klebsiella*）等，已经被确认为 PGPR。这些细菌是多年来广泛研究的对象，它们促进植物生长的特性已被详细研究。

PGPR 有多种促进植物生长的机制。这些机制包括拮抗病原真菌、生产铁载体、固氮、磷酸盐溶解、生产有机酸和吲哚乙酸（IAA）、释放酶（土壤脱氢酶、磷酸酶、氮素酶等）以及诱导系统性抗病（ISR）。一些 PGPR 可能有一个以上的机制来促进植物生长，因此，有时会在体外对潜在的 PGPR 进行筛选，以获得多种促进植物生长的性状。

PGPR 用于促进植物生长的最重要的机制之一是产生植物激素，这是调节植物生长和发育的有机化合物。一些 PGPR 可以产生辅酶、细胞分裂素和赤霉素，它们是重要的植物生长激素，促进细胞分裂、伸长和分化。这些激素对植物的正常生长和发育至关重要，可以增强植物的根和芽的生长。PGPR 用于促进植物生长的另一个机制是固氮，这是一个将大气中的氮转化为可被植物利用的形式的过程。一些 PGPR，如根瘤菌、固氮螺菌和固氮菌，能够固定大气中的氮并使其为植物所用。这种机制可以帮助减少氮肥的使用，众所周知，氮肥会对环境产生负面影响。PGPR 在改善土壤健康方面也发挥了关键作用，通过改善土壤的养分含量和结构，它们可以提高土壤的持水能力并增强其抗侵蚀能力。此外，PGPR 可以提高土壤的固碳能力，这是缓解气候变化的一个重要机制。

使用 PGPR 作为农业投入品需要选择具有多种促进植物生长性状的细菌。这些细菌被筛选出来，然后接种到土壤中或作为种子处理剂使用。事实证明，应用 PGPR 可以提高作物产量，改善作物质量，同时减少化肥和农药的施用。

2.2 农田土壤真菌的生态作用

与植物相关的真菌种类繁多,全世界有超过 100 万种菌根、内生菌、腐生菌和病原体。这种多样化的真菌群落对植物健康非常重要。丛枝菌根真菌(AMF)是高度广泛的植物共生体,能在大约 80%的陆生植物的根部定植。AMF 和其他菌根一起存在,是土壤微生物群落的主要组成部分,同时,地上植物群落多样性的增加与地下真菌群落多样性的增加相对应,进而有助于改善根际土壤健康,从而为农业提供生态系统服务。

菌根真菌对植物适应性的影响可能取决于环境,并受到许多因素的影响,包括寄主植物特性、菌根丰度和土壤养分状况。菌根真菌直接或间接地改善了寄主植物的生长、产量和适应性。最广为人知的好处是菌根使植物能够获得养分。真菌菌丝比根细,这使它们能够进入对根来说太窄的小土壤孔隙,从而更有效地捕获从这些孔隙释放的养分。菌丝网络延伸到植物的生根区之外,可以比根系密度大得多,从而增加了可用于养分吸收的表面积。虽然根系生长相对缓慢,但真菌菌丝能够迅速定植并消耗营养物质。这样做的生态意义是非常大的,因为土壤天生是异质的,很大一部分养分可能来自短暂的点源,如种子、果实、粪便和死亡生物。此外,致密的真菌网络还能够重新吸收通过根系渗出释放的营养物质。AMF 在改善宿主植物无机磷(Pi)吸收中的作用得到了很好的研究,它可以直接通过根吸收或菌丝增大输送到植物的 Pi 的比例。此外,AMF 还通过改善结瘤来帮助与豆科植物相关的固氮细菌进行 N_2 固定并增加了其宿主植物中其他营养物质(如 Zn、Fe、Ca、K、Cu)的数量。

在对抗非生物胁迫的环境条件下,植物往往会受到膜功能障碍、活性氧(ROS)积累和渗透、激素失衡等不利影响。菌根真菌的菌丝网络增加了吸收面积并允许在土壤微孔中获取水分。此外,菌丝网络通过形成稳定的土壤团聚体来改善土壤结构并减少侵蚀造成的水分损失。在盐度应力下,植物的大部分损害是由于渗透失衡和钠毒性所致。真菌内生菌和菌根真菌可以通过防止其吸收、重新定位到非光合器官、增加有益离子(如 K^+ 和 Ca^{2+})的摄取等方式来降低钠毒性作用。研究表明,菌根主要是通过更有效的阳离子吸收和营养吸收来缓解盐胁迫。另外,菌根真菌可以和内生真菌一起通过多种机制协助植物应对病原菌。这是因为真菌内生菌可以产生多种次级代谢物,对病原菌和真菌具有抗菌活性。而菌根真菌则是通过调节植物防御机制和拮抗生物丰度的增加诱导植物抗性。它们还可以通过操纵植物免疫系统、诱导植物全身抗性和影响植物挥发物等其他机制来协助植物。

2.3 农田土壤真菌-细菌之间的相互作用

土壤是地球上最多样化的细菌群落的家园,而真菌通常被认为是土壤微生物生物量的主导者,特别是在低干扰、营养有限的条件下。这两个微生物群落负责许多驱动陆地生态生产力的生物地球化学过程。真菌和细菌共享相同的栖息地,因此几乎可以肯定它们在土壤中经常相互作用。土壤的异质性和空间上复杂的物理结构,以及资源的不完全分布、气孔的广泛存在和木质化植物凋落物的优势有利于菌丝生长形势。因此，能够与真菌相互作用并直接或间接受益于真菌的非丝状细菌将在这种挑战性的环境中具有选择优势。真菌菌丝周围的环境，即菌丝际（hyphosphere），越来越被认为是土壤中微生物活动的一个"热点"。

许多细菌分类群被发现在真菌圈中比在土壤中更丰富，这表明存在一个独特的"真菌圈"社区。"嗜真菌"细菌可以是"通用的"，即与不同的真菌宿主松散地联系在一起。真菌菌丝已被证明是细菌在土壤中移动的管道，细菌和真菌菌丝之间有直接的物理联系，细菌附着在菌丝上会改变真菌和细菌的代谢。

一些证据表明，真菌-细菌的相互作用在土壤中很常见，这些相互作用可能影响个别相互作用"伙伴"的生态和作用。分解研究表明，细菌可能受益于真菌产生的胞外酶，一些研究记录了细菌对真菌生长的抑制。然而，细菌群落也可以从营养性真菌的生长中受益。磷溶解细菌已被证明与真菌分解剂共存，青霉菌和慢生根瘤菌之间的相互作用导致磷酸盐岩石的磷酸盐释放增加。此外，从具有高纤维素分解活性的土壤中分离出的微生物群可同时包括真菌和细菌类群，这可能表明，尽管对类似资源有竞争，但吸收性真菌和细菌的联合活动可导致更快的分解率。细菌也影响真菌群落的感应，细菌可以对真菌的渗出物表现出趋化反应。例如，在根区，"辅助细菌"分泌的化合物，如柠檬酸和苹果酸，会刺激菌根的生长和根系的定植。细菌和真菌共生体与植物根系相互作用，改善土壤中的营养供应，供植物吸收。例如，AMF 的菌丝会释放出碳化合物，这将作为菌根层中土壤微生物的能量来源。同样地，细菌释放的碳化合物也会促进 AMF 的菌丝生长和它的根部定植。在根瘤菌、AMF 和豆科植物之间的相互作用中，AMF 通过提供水和营养物质，特别是通过影响能量生产途径来促进根瘤菌固定 N_2，从而提高豆科植物的生长和产量，细菌就通过在土壤中产生磷酸酶和有机酸，增加供 AMF 和植物吸收的 P 的可用性。因此，它们的共生关系倾向于增加土壤中 P 和 N 的利用率。

总之，土壤中细菌和真菌之间复杂的相互作用，对提高土壤肥力和土壤养分供应有积极的影响，并提供非常有价值的生态系统服务。因此，可以利用细菌和真菌的这种相互关系来增加产量，减少化肥投入，并在农业生态系统中开发一种有效的可持续肥料管理形式。

第二部分

土壤微生物生态学实验技术

第 3 章 土壤样品的采集和处理

3.1 土壤样品的采集

大自然的土壤分布情况是复杂的,而土壤之间的差异性也很大,所以土壤的采集是一个较为复杂的问题。而土壤样品的采集又是研究土壤微生物生态的分布规律和土壤理化性质分析工作的一个重要环节,是直接关系到分析的结果和由此而得出的结论是否正确的一个先决条件。因此,土壤样品的采集必须选择有代表性的地点和有代表性的土壤类型。同时,土壤样品的采集时间与土壤微生物的数量变化有很大关系,土壤微生物的数量随着季节的不同而变化,也随着雨季、旱季的变化而不同。因此,较全面认识土壤微生物生态分布规律,在一年的不同时期进行土壤微生物生态分析工作是有好处的。

3.1.1 准备工具

无菌样本袋,冰盒,剪刀,小土铲,锄头,卷尺,标签纸等。

3.1.2 实验步骤

植株根际土壤取样过程中,随机设置 5 块 2 m × 2 m 大小样方于各样地中,每块样方间隔 10 m 以上。样方内随机设置 3 个重复取样的土块。先去除土壤表面的落叶层,然后用小土铲从植株基部开始逐段、逐层挖去上层覆土,追踪根系的伸展方向,然后沿侧根找到须根部分,剪下分枝,轻轻抖动后落下的土壤作为非根际土壤(bulk soil),将其放置于无菌样本袋中。仍黏在根上的为根际土壤(rhizosphere soil),连同根系一起放入无菌样本袋中。后续将无菌样本袋中的根系放置在装有 100 mL 磷酸盐缓冲液(PBS:8 g NaCl,1.44 g Na_2HPO_4,0.24 g KH_2PO_4,pH 7.2)的烧瓶中。通过轻摇烧瓶使黏附的土壤分散后,放置在摇床上以 120 r/min 的速度振荡 10 min,使土壤与根系充分脱离,然后离心(100 g,10 min,15℃),用移液枪完全吸取上层清液后,用蒸馏水清洗烧瓶以收集土壤组分并在 70℃下烘干,即为根际土壤样品。把根际土壤样品在 −20℃下保存,用于后续的群落 DNA 提取。

注意事项:

(1)土壤特征,如质地、pH、含水量和营养水平,可以影响根际区的微生物群落。因此,在取样前或取样过程中记录这些参数是非常重要的。

(2)采样深度是应该考虑的另一个关键因素。根际土壤的深度会因作物种类和土壤类型的不同而不同。一般来说,根际土壤的取样深度是离表面 5~10 cm。

(3)为了获得有代表性的样本,应在每株植物周围取多个样本,并且应在整个田间取几个植物的样本。建议在整个生长季节定期取样,以了解微生物群落随时间变化的情况。

3.2 土壤样品的处理和储存

土壤分析实验中所需试样量一般是零点几克至几克,而原始的土壤试样量一般都很大(数十克至数百克),且其组成复杂,化学成分的分布常常不均匀。因此,需对其进行加工处理,以使其在能代表原始样品的前提下大大减少数量。通常要将其处理成零点几克至数克供分析用的最终试样,这里简要介绍土壤试样的处理及后续储存。

3.2.1 干燥

从野外采回的土壤样品,捣碎摊成薄层放在室内阴凉通风处晾干,并经常翻动。切忌阳光直晒,以及酸、碱、气体和灰尘的污染。

3.2.2 研磨过筛

(1) 在进行化学分析时,研磨前将采集的风干样挑去石块、根茎及各种新生的叶片和浸入体,研磨,使之全部通过 2 mm(10 目)筛,装瓶供速效性养分、交换性能、pH 等项目的测定时使用。分析有机质、全氮、全磷等项目时,可多点分取 20~30 g 已通过 2 mm 筛的土样进一步研磨,使其全部通过 0.25 mm(60 目)筛为止。如用碱溶法测定全磷等项目时,需从通过 0.25 mm 筛的土样取一部分继续研磨,并全部通过 0.149 mm(100 目)筛为止。如用酸溶法分析金属项目时,必须通过 0.074 mm(200 目)筛备用(分析微量元素时避免用铜丝网筛,而应改用尼龙丝网筛)。

用机械或人工方法将试样逐步破碎,一般分为粗碎、中碎和细碎等阶段。粗碎一般用碎样机把试样粉碎至能通过 4~6 号筛。中碎把粗碎后的试样磨碎至能通过约 20 号筛的程度。细碎是进一步磨碎的过程,必要时用研钵研磨直至能达到所要求的粒度为止。我国使用的标准筛的筛号可参考表 3-1。

表 3-1 标准筛孔对照

筛号	筛孔直径/mm	筛号	筛孔直径/mm
2.5	8.00	35	0.50
3	6.72	40	0.42
3.5	5.66	45	0.35
4	4.76	50	0.30
5	4.00	60	0.25
6	3.36	70	0.21
7	2.83	80	0.177
8	2.38	100	0.149
10	2.00	120	0.125
12	1.68	140	0.105
14	1.41	170	0.088
16	1.18	200	0.074

筛号	筛孔直径/mm	筛号	筛孔直径/mm
18	1.00	230	0.062
20	0.84	270	0.053
25	0.71	325	0.044
30	0.59		

注：筛号数即为每英寸长度内的孔（目）数，如100号（目）即为每英寸长度内有100孔（目）。

（2）在进行土壤物理分析时，取干燥土样100～200 g，挑去有机物、石块，然后研磨，通过2 mm筛。进行土壤颗粒分析时，需通过3 mm（6～7目）筛及2 mm筛，称量2～3 mm粒级的砾量，计算其2～3 mm粒级的砾含量百分数，最后将通过2 mm筛的土样混匀，称量后保存在广口瓶中。

（3）在土壤生态系统定位研究中，不需制样，用新鲜样品（潮湿土壤）测定土壤含水量，土壤水分的物理性质，土壤速效性养分，可溶性钙、镁、硫、亚铁、三价铁，pH以及土壤微生物数量。如果条件不允许，只能将风干土样带回实验室内测定，但土壤含水量、土壤微生物数量必须用湿土立即进行测定。湿土测定的最大优点是反映了土壤自然状态下的有关理化性状，但因较难研磨破碎和混匀，相应带来较大的误差。因而需加大称样量和多次重复测定，才能得到较为可靠的平均值。

3.2.3 混合分样

制样前和研磨后土样数量太多，要进行混合、分样。试样每经一次破碎后，使用机械（分样器）或人工方法取出一部分有代表性的试样继续加以破碎，这样就可使试样处理量逐步减少，这个过程称为缩分。常用的手工缩分方法是四分法。这种方法是将已粉碎的试样充分混匀后堆成圆锥形，然后将它压成圆饼状，再通过圆饼中心按十字形将其分为四等份，弃去任意对角的两份，将留下的一半试样收集在一起混匀。这样试样便缩减了一半，称为缩分一次。经过多次缩分后，剩余试样可减少至所需量。但缩分的次数不是随意的，而是根据需保留的试样量确定的。每次缩分后应保留的试样量与试样的粒度有关。欲使试样量减少，粒度应相应减小，不然就应在进一步破碎后再缩分。

3.2.4 贮存

制好的样品经充分混合，放入广口瓶或塑料袋中保存，内外各放一张标签纸，注明编号、采样地点、土壤名称、深度、筛孔（粒径）、采样日期、采样者、制样人等信息。所有样品都需专册登记，然后放在避免日光、高温、潮湿和有害气体污染的地方。土样要保存半年至一年，特殊样品要保存更长时间或长期保存。

第 4 章　土壤微生物的分离、培养和保藏

4.1　培养基制备

微生物培养基是一种营养物质混合物，用于在实验室中培养和繁殖细菌、真菌、病毒等微生物。培养基中包含微生物所需的基本营养成分，如碳源、氮源、磷酸盐、微量元素和水分。根据不同的微生物需求，培养基可以根据其成分和 pH 不同而分类。下面重点介绍实验室培养基配制的方法和步骤。

4.1.1　称量

先按配方计算培养基各成分的需要量。在烧杯或搪瓷杯中先放少量水，依次加入培养基各组分，溶解后补足至所需的总水量。对于肉膏之类的黏胶状物，可盛在小烧杯或表面皿内称量，以便用水移入培养基。蛋白胨等极易吸潮物质，在称取时应动作迅速。某些无机盐类如磷酸盐和镁盐相混合时易产生沉淀，必要时应分别灭菌后再混合。一些微量元素等成分因用量极少，可预先配成较高浓度的贮备液，使用时按一定用量加入培养液中即可。

4.1.2　溶化

各成分必须溶解在培养液中。最好溶解一种组分后，再加第二种，有时需加热使其溶解。如果配方中有淀粉，则应先将其用少量冷水调成糊状，再兑入其他已溶解的成分中，边加热边搅拌，至完全溶化即溶液由混浊转为清亮后，补水至所需总量。溶化琼脂时，应注意控制火力使不至溢出或烧焦，并要不断搅拌，因加热过程中水分损耗较多，最后应补足至原体积。根据需要，有时需将溶化后的培养基用脱脂棉或纱布过滤，以使培养基清亮透明。

4.1.3　调 pH

以 10% HCl 或 10% NaOH 调节培养基至所需 pH。一般用广泛 pH 试纸矫正，必要时也可用酸度计。调时需注意逐步滴加，勿使过酸或过碱而破坏培养基中某些组分。

4.1.4　分装

将矫正 pH 后的培养基按需要趁热分装于三角瓶或试管内，以免琼脂冷凝。分装时应注意勿使培养基黏附于管口与瓶口部位，以免沾染棉塞而滋生杂菌或影响接种操作。分装量视需要而定。一般分装入三角瓶时以不超过其容积的一半为宜。分装试管时，斜面培养基以试管高度的 1/5 左右为宜，半固体培养基以试管高度的 1/3 左右为宜。

4.1.5 加棉塞

试管和三角瓶口需用棉花堵塞，主要目的是过滤除菌，避免污染。棉塞所用的棉花应是普通长纤维棉花，不要用脱脂棉，因为脱脂棉易吸水变湿而滋长杂菌。正确的棉塞头部应较大，约有 1/3 在试管外，2/3 在试管内，试管以内部分不应有缝隙。

4.1.6 灭菌

在装培养基的三角瓶或试管的棉塞外面包一层牛皮纸，即可灭菌。应用铅笔注明培养基名称、配制日期等。当制斜面培养基时，灭菌后趁热将试管斜放，注意勿使培养基沾染棉塞。当制平板培养基时，灭菌后待培养基温度降至 50℃ 左右时进行无菌操作，将培养基倒入无菌培养皿内，每皿 15～20 mL，平放冷凝即成平板培养基，简称平板。若制半固体深层培养基，灭菌后垂直放置，冷凝即成。

4.1.7 无菌检查

灭菌后的培养基，尤其是存放一段时间后才用的培养基，在应用之前应置 37℃ 恒温培养箱内 1～2 d，确定无菌后才可使用。

4.2 微生物的分离和培养方法

自然界中各种微生物混杂并存。我们在研究某种微生物时，必须先将它从混杂微生物中分离出来。稀释样品是为了降低样品中混杂生存的微生物浓度以便于分离。该实验的基本原理在于高度分散混菌，使单个微生物细胞在固体培养基上生长而形成单个菌落。

4.2.1 浇注平板法

4.2.1.1 牛肉膏蛋白胨培养基的制备

用天平分别称量牛肉膏 0.75 g、蛋白胨 2.5 g、氯化钠 1.25 g、琼脂 2.5～5 g，取蒸馏水 250 mL，依次加入烧杯中，混合后在电炉上加热，不断搅拌以免糊底，直至完全溶解。过滤去除沉淀，加水补足因加热蒸发的水量，倒入三角烧瓶中。121℃ 灭菌 15～30 min，待用。

4.2.1.2 土样稀释液制备

先用镊子取出一块酒精棉球擦手、镊子以及工作台，点燃酒精灯。将一装有 90 mL 无菌水的锥形瓶和各装有 9 mL 无菌水的数支试管（试管数量依实验数据而定，本次实验设 5 管）排列好，按浓度 10^{-1}、10^{-2}、10^{-3}、10^{-4}、10^{-5}、10^{-6} 依次编号。在无菌条件下，称量土样 10 g 置于装有 90 mL 无菌水的锥形瓶（内含玻璃珠）中，用移液管吹洗 3 次，混合均匀，将颗粒状样品打散，即为 10^{-1} 浓度的混合液。用 1 mL 无菌移液管吸取 1 mL 的 10^{-1} 浓度的菌液于一管 9 mL 无菌水中，用移液管吹洗 3 次，摇匀后即为 10^{-2} 浓度的菌液。同

法依次稀释到 10^{-6}。稀释过程如图 4-1 所示。

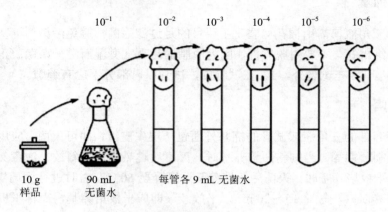

图 4-1　样品稀释过程

4.2.1.3　制作平板

取已灭菌的培养皿按浓度 10^{-1}、10^{-2}、10^{-3}、10^{-4}、10^{-5}、10^{-6} 分别编号，设空白对照。用 1 mL 无菌移液管从稀释度小的 10^{-6} 菌液开始，以 10^{-6}、10^{-5}、10^{-4} 稀释度为序，分别吸取 0.5 mL 菌液于相应编号的培养皿内（注：每次吸取前，用移液管在菌液中吹吸使菌液充分混匀）。也可以直接用微量移液枪移取菌液，每移一次换一个枪头。移取液体前，用 70%乙醇对进入试管的枪体进行擦拭消毒。

在酒精火焰附近将已灭菌且冷却至 45℃左右的培养基倒入培养皿，10～15 mL/皿，培养基占皿高的 1/3～1/2。具体倒法：右手拿装有培养基的锥形瓶，左手拿培养皿，以中指、无名指和小指托住皿底，拇指和食指将皿盖掀开，倒入培养基后将培养皿平放在桌上，顺时针和逆时针来回转动培养皿，使培养基和菌液充分混匀，冷凝后即成平板。

4.2.1.4　培养

将培养皿倒置于 37℃恒温箱内培养 24～48 h，观察结果。

4.2.1.5　对照样品倒平板、接种

取"对照"的无菌培养皿，倒平板。待培养基凝固后，打开皿盖 10 min 后重新盖上，倒置于 37℃恒温箱培养 24～48 h，观察结果。

4.2.2　平板划线法

平板划线法应用最为普遍，因为平板划线可以将斜面培养的菌落或样品进一步纯化。可以观察平板划线得到的菌落是否有不同形态的菌落，以判断细菌的纯化程度。

4.2.2.1　牛肉膏蛋白胨培养基的制备

用天平分别称量牛肉膏 0.75 g、蛋白胨 2.5 g、氯化钠 1.25 g、琼脂 2.5～5 g、蒸馏水 250 mL，依次加入烧杯中，混合后在电炉上加热，不断搅拌以免糊底，直至完全溶解。过

滤去除沉淀，加水补足因加热蒸发的水量，用氢氧化钠或盐酸调 pH 至 7~8，倒入三角烧瓶中。121℃ 灭菌 15~30 min，待用。

4.2.2.2 制作平板

将已灭菌冷却至 45℃ 左右的培养基倒入培养皿至皿高的 1/3（在无菌工作台内或无菌室内操作），凝固成平板。

4.2.2.3 划线

（1）用酒精将接种针（环）灭菌。
（2）用接种针从斜面上挑取少量生长的菌种；或用接种环挑取一环土壤悬液。
（3）左手拿培养皿，中指、无名指和小指托住皿底，拇指和食指夹住皿盖，将培养皿稍倾斜，左手拇指和食指将皿盖掀半开，右手持接种针（环）伸入培养皿内，在平板上轻轻划线（切勿破坏培养基，充分分散细胞从而获得单菌落），划线方法如图 4-2 所示，划线完毕盖好皿盖。

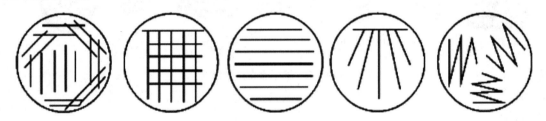

图 4-2 平板划线示意

（4）倒置 37℃ 恒温箱培养 24~48 h，观察结果。
（5）培养后获得单菌落，可再将单菌落转移至斜面上。
（6）如此反复 3~4 次获得纯化菌株，此菌株可进行细菌种属鉴定。

4.2.3 平板表面涂布法

平板表面涂布法同浇注平板法、平板划线法的实验原理类似，把混杂在一起的微生物高度分散在培养基表面，使单个微生物细胞在固体培养基上生长而形成单个菌落。不过，该方法加样量不宜过多，只能在 0.5 mL 以下，一般以 0.2 mL 为宜。培养起初不能倒置，正放一段时间待水分蒸发后再倒置培养。

4.2.3.1 稀释样品

样品稀释参考浇注平板法中土样稀释方法。

4.2.3.2 牛肉膏蛋白胨培养基的制备

用天平分别称量牛肉膏 0.75 g、蛋白胨 2.5 g、氯化钠 1.25 g、琼脂 2.5~5 g、蒸馏水 250 mL，依次加入烧杯中，混合后在电炉上加热，不断搅拌以免糊底，直至完全溶解。过滤去除沉淀，加水补足因加热蒸发的水量，用氢氧化钠溶液或盐酸调 pH 至 7~8，倒入三角烧瓶中。121℃灭菌 15～30 min，待用。

4.2.3.3 制作平板

将已灭菌冷却至 45℃左右的培养基倒入培养皿至皿高的 1/3（在无菌工作台内或无菌室内操作），凝固成平板。

4.2.3.4 涂布

（1）用无菌移液管吸取适量已稀释的样品于平板上。
（2）再用无菌三角刮刀在平板上轻轻涂抹均匀（图 4-3）。
注意：涂抹时切勿弄破平板，影响菌落生长；在酒精灯火焰附近操作。

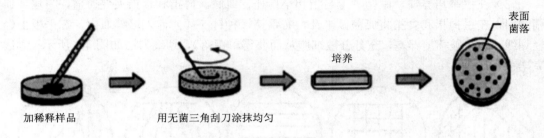

图 4-3 平板涂布法示意

4.2.3.5 培养

先在 37℃恒温箱正置培养，待水分蒸发后倒置培养；若培养时间较长，次日把培养皿倒置继续培养，培养时间总长 24～48 h。

4.2.3.6 观察结果

培养结束后观察、分析菌落情况。

4.2.4 试管斜面接种法

试管斜面接种法是将长在斜面培养基、平板培养基或液体培养基上的微生物接种到斜面培养基上的方法。该方法能减少试管被其他微生物污染的概率。在微生物实验过程中，最重要的一点是实验必须在无菌的情况下进行，尽量减少试管的污染机会。细菌的试管斜面接种最适合在菌种转移及菌种纯化中使用。

4.2.4.1 稀释样品

样品稀释参考浇注平板法中土样稀释方法。

4.2.4.2 牛肉膏蛋白胨培养基的制备

用天平分别称量牛肉膏 0.75 g、蛋白胨 2.5 g、氯化钠 1.25 g、琼脂 2.5～5 g、蒸馏水 250 mL，依次加入烧杯中，混合后在电炉上加热，不断搅拌以免糊底，直至完全溶解。过滤去除沉淀，加水补足因加热蒸发的水量，用氢氧化钠溶液或盐酸调 pH 至 7~8，倒入三角烧瓶中。121℃灭菌 15~30 min，待用。

4.2.4.3 斜面的制作

将已灭菌冷却至 50~60℃ 的培养基倒入试管，将试管摆放成一定的斜度，斜面高度不超过试管总高度的 1/2（图 4-4）。摆放时不可使培养基污染棉塞，冷凝过程中请勿再移动试管。待斜面完全凝固后，待用。

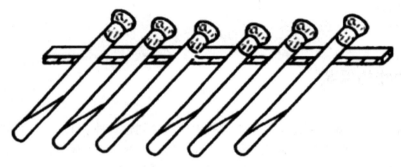

图 4-4 斜面摆放示意

4.2.4.4 斜面接种培养

（1）创造无菌区域：点燃酒精灯，在火焰附近形成无菌区。

（2）手握试管：左手夹住菌种管及待接种的斜面培养基试管。

（3）准备接种：用右手小指与无名指相夹或用右手小指和无名指与手掌相夹拔出棉塞，并将试管口在火焰上来回移动 2~3 次，在火焰附近以 45℃ 角斜握于左手中，斜面向上（图 4-5）。

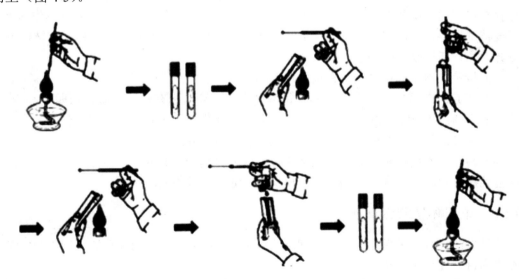

图 4-5 斜面接种示意

（4）接种环灭菌：用右手将接种环在火焰上灼烧至环及以上金属部分烧红。接种环在每次使用前、后，都要在酒精灯火焰上灼烧灭菌。

（5）接种：将烧过的接种环伸入菌种管内，使接种环轻触管壁无菌处，待接种环冷却后挑取少量菌种，立即转至待接种管中，自斜面底端向上轻轻划 Z 形曲线或波浪线至斜面顶端。注意接种划线时切勿划破培养基，以免影响培养菌种。

（6）培养：抽出接种环，已接种试管口通过火焰，塞上棉塞，送恒温生化培养箱 37℃ 培养 24~48 h。接种环在火焰上灼烧灭菌后放回原处。注意接种环进出试管过程中勿触碰管壁、管口或管外物品。

（7）观察、记录、分析结果。

4.3 微生物的保藏

微生物菌种的保藏主要是根据微生物的生理特性创建一种人工环境，使微生物处于最低代谢活动阶段并抑制其生长繁殖，从而达到不死、不变异、不受杂菌污染、保持其纯净且不退化的目的。为了有效地保藏微生物菌种，需要考虑以下原则：选择典型的纯培养物来进行保藏；营造适合微生物菌种休眠的环境，如低温、干燥、无氧、避光、缺乏营养等，同时可以添加保护剂或中和剂等进行长期的保藏；尽量减少传代次数，以减少突变和变异的风险。

4.3.1 短暂保藏

4.3.1.1 斜面低温保藏

斜面低温冷藏也被称为斜面冷藏法或斜面贮藏法，是一种微生物保藏方法。该方法通过将含有微生物菌株的琼脂平板倾斜地放置在低温环境下进行保存。这种方法操作简单，不需要特殊设备，存菌率高，具有一定的保藏效果，但保藏时间较短，菌种反复转接易发生变异，生理活性易发生减退。

（1）接种：将不同菌种接种在斜面培养基上。

（2）培养：在适宜的温度下培养，待菌种生长丰满（也有建议稍微生长即可），若是生芽孢的细菌或生孢子的放线菌和霉菌，则要等到芽孢或孢子长成后再进行保存。

（3）保藏：将培养好的菌种置于 4~5℃ 的冰箱中保藏。

（4）转接：不同菌种的有效保藏期不等，因而每隔一定时间，一般 3~6 个月，需重新移植到新鲜斜面培养基上适当培养后再保藏，如此连续不断。

4.3.1.2 半固体穿刺保藏法

这种方法一般用于保藏兼性厌氧细菌或酵母菌。此方法与斜面保藏法大同小异，仅将斜面改为直立柱，培养基中琼脂量减少。

（1）接种：用接种针将菌种穿刺接种至半固体培养基深层中央部分，注意切勿穿透培养基底面。

（2）培养：在适宜温度条件下培养至生长充分。

（3）保藏：待菌在穿刺线上长成后置于 4～5℃的冰箱中保藏。也可加无菌液体石蜡（150～170℃烘箱灭菌 1 h）覆盖，即配合使用石蜡油封保藏法，抑制生物代谢，推迟细胞老化，防止培养基水分蒸发，因而能延长菌种的保藏时间。如果用无菌橡皮塞，则保存效果更好。

（4）转接：一般在保藏半年或一年后，需转接至新配制的半固体培养基培养后再保藏。

4.3.1.3 液体石蜡封藏法

液体石蜡封藏法适用于保藏霉菌、酵母菌和放线菌，保藏时间可长达 1～2 年，并且操作简便，但不适于细菌和某些霉菌（如固氮菌、乳杆菌、分枝杆菌和毛霉、根霉等）的保藏。

（1）液体石蜡灭菌：将液体石蜡置于 100 mL 的锥形瓶内，每瓶装 10 mL，塞上棉塞，外包牛皮纸，高压蒸汽灭菌（0.1 MPa 灭菌 30 min）。灭菌后将装有液体石蜡的锥形瓶置于 105～110℃的烘箱内约 1 h，以去除多余水分。

（2）接种：将菌种接种到适宜的斜面培养基上。

（3）培养：在适宜的温度下培养，使其充分生长。

（4）加液体石蜡：用无菌吸管吸取已灭菌的液体石蜡，注入已长好菌苔的斜面上。液体石蜡的用量以高出斜面顶端 1 cm 左右为宜，保证菌种与空气隔绝。

（5）保藏：将加入液体石蜡的斜面培养基直立置于 4～5℃冰箱中或室温下保藏。

（6）转接：到保藏有效期（1～2 年）后，需将菌种转接到新配制的斜面培养基上，培养好后加入适量液体石蜡，再进行保藏。

4.3.2 长期保藏

4.3.2.1 液氮超低温冷冻保藏

液氮超低温保藏法简称液氮保藏法或液氮法。它是以甘油、二甲基亚砜等作为保护剂，在液氮超低温（−196℃）下保藏的方法。其主要原理是菌种细胞从常温过渡到低温，并在降到低温之前，使细胞内的自由水通过细胞膜外渗出来，以免膜内因自由水凝结成冰晶而使细胞损伤。此方法操作简便、高效，保藏期一般可达到 15 年及以上，是目前公认的最有效的菌种长期保藏技术之一。除了少数对低温损伤敏感的微生物外，该方法适用于各种微生物菌种的保藏，甚至连藻类、原生动物、支原体等都能用此方法获得有效的保藏。此方法的另一大优点是可使用各种培养形式的微生物进行保藏，无论是孢子或菌体、液体培养物或固体培养物均可采用该保藏法。其缺点是需购置超低温液氮设备，且液氮消耗较多，操作费用较高。

（1）准备安瓿管：液氮保藏所用的安瓿管必须能够经受突然温度变化而不破裂，一般采用硼硅酸盐玻璃制品。安瓿管规格一般为 75 mm×10 mm 或能容纳 1.2 mL 液体。安瓿管洗刷干净并烘干，管口塞上棉花并包上牛皮纸，高压蒸汽灭菌（0.1 MPa 下灭菌 20 min）。安瓿管编号备用。

（2）准备冷冻保护剂：液氮保藏法一般都需要添加保护剂，通常采用体积分数为 10%

的甘油或10%二甲亚砜作为冷冻保护剂。含甘油溶液需经高压灭菌，而含二甲亚砜溶液则采用过滤法除菌。

如要保藏只能形成菌丝体而不能产生孢子的霉菌，除需制备带菌琼脂块外，还需在每个安瓿管中预先加入一定量含体积分数10%甘油的液体培养基（加入量以能浸没即将加入的带菌琼脂块为宜）。0.1 MPa压力下灭菌20 min，备用。

（3）制备菌悬液或带菌琼脂块浸液：

1）制备菌悬液：在每支培养好菌的斜面中加入5 mL含体积分数10%甘油的液体培养基，制成菌悬液。用载菌吸管吸取0.5～1 mL菌悬液分装于无菌安瓿管中，然后用火焰熔封安瓿管管口。

2）制备带菌琼脂块浸液：若要保藏只长菌丝体的霉菌时，可用无菌打孔器从平板上切下带菌琼脂块（直径5～10 mm），置于装有含体积分数10%甘油的液体培养基的无菌安瓿管中，用火焰熔封安瓿管管口。

为了检查安瓿管管口是否熔封严密，可将上述经熔封的安瓿管浸于水中，发现有水进入管内，说明管口未封严。

（4）慢速预冷冻处理：

1）控速冷冻：将已封口的安瓿管置于铝盒中，然后置于一个较大金属容器中，再将此金属容器置于控速冷冻机的冷冻室内，以每分钟1℃的速度冻结至–30℃。

2）普通冷冻：若实验室无控速冷冻机，可将已封口的安瓿管置于–70℃冰箱中预冷冻4 h，代替控速冷冻处理。

（5）液氮保藏：将上述经慢速预冷冻处理的封口安瓿管迅速置于液氮冰箱中，在液相（–196℃）或气相（–156℃）中保藏。若把安瓿管保藏在液氮冰箱的气相中，则不需要除去安瓿管管口棉塞，也不需要熔封安瓿管管口。

（6）恢复培养：若需用所保藏的菌种，可用急速解冻法融化安瓿管中的结冰。从液氮冰箱中取出安瓿管，立即置于38～40℃水浴中，并轻轻摇动，使管中结冰迅速融化。采用无菌操作打开安瓿管，用无菌吸管将安瓿管中保藏的培养物全部转移到含有2 mL无菌液体培养基中，再吸取0.1～0.2 mL菌悬液至琼脂斜面上，进行保温培养。

注意：安瓿管需要绝对密封。若有漏洞，保藏期间液氮会渗入安瓿管内。从液氮冰箱取出安瓿管时，液氮会从管内逸出。由于室温高，液氮常会因急剧气化而发生爆炸。为防不测，操作人员应戴上皮手套和面罩等防护用具；皮肤接触液氮时，极易被"冷烧"，操作时应特别小心；从液氮冰箱取出一支安瓿管时，为防其他安瓿管升温，应尽量缩短取出和放回安瓿管的时间，一般不得超过1 min。

4.3.2.2　简易冷冻真空干燥保藏

冷冻真空干燥保藏法又称冷冻干燥保藏法，简称冻干法。它通常是用保护剂制备拟保藏菌种的细胞悬液或孢子悬液于安瓿管中，再在低温下快速将含菌样冻结，并减压抽真空，使水升华将样品脱水干燥，形成完全干燥的固体菌块。并在真空条件下立即溶封，形成无氧真空环境，最后置于低温下，使微生物处于休眠状态，而得以长期保藏。常用的保护剂有脱脂牛奶、血清、淀粉、葡聚糖等高分子物质。此方法同时具备低温、干燥、缺氧的菌种保藏条件，因此保藏期长，一般达5～15年，存活率高，变异率低，是目前被广泛采用的一种较理想的保藏方法。除不产孢子的丝状真菌不宜用此方法外，其他大多数微生物如病毒、细菌、放线菌、酵母菌、丝状真菌等均可采用这种保藏方法。

（1）制备无菌瓶：将药用青霉素小瓶先用2%盐酸浸泡8~10 h，再用自来水冲洗3次，之后用蒸馏水洗1~2次，最后烘干。将印有菌种和接种日期的标签纸贴在小瓶上，瓶口用无菌容器封口膜覆盖扎紧，连同小瓶的橡皮塞一起高压蒸汽灭菌（0.1 MPa压力下灭菌20 min），备用。

（2）制备无菌脱脂牛奶：制备脱脂牛奶或配制40%脱脂奶粉，在0.08 MPa压力下灭菌20 min，并进行无菌检查。

（3）制备菌悬液：在培养好的新鲜菌种斜面上，加入3 mL无菌水，用接种环刮下菌苔（注意不要刮破培养基），轻轻搅动，制成菌悬液。

（4）分装：用无菌移液管将菌悬液分装至灭过菌的青霉素小瓶中，每瓶装0.2 mL，再用无菌长滴管将灭过菌的0.2 mL脱脂牛奶加入青霉素小瓶中，振摇混匀。

（5）预冻：将青霉素小瓶放入500 mL干燥瓶中，放入–40~–35℃低温冰箱中保存20 min，待小瓶中菌悬液冻结成固体后取出。

（6）冷冻真空干燥：迅速将干燥瓶插在冷冻干燥器的抽真空插管上，抽真空冷冻干燥24~36 h，待菌体混合物呈疏松状态（稍振动即脱离瓶壁）时方可取出。

（7）封存：在无菌室内将无菌容器封口膜取下，迅速更换无菌橡皮塞，最后用封口膜将瓶口封住，置于–20℃低温冰箱保存。

注意：冷冻真空干燥时，应将菌体混合物充分干燥，使之呈疏松状态。

4.3.2.3 甘油保藏法

微生物甘油保藏法是一种常用的微生物保藏方法，具有简单、易操作、保存周期长等优点。甘油可以作为菌种的保护剂，低温冷冻的条件下，使微生物的新陈代谢趋于停止，从而达到长期有效保藏的目的。保藏温度若采用–20℃，保藏期为0.5~1年；而采用–70℃，保藏期可达10年。

（1）无菌甘油的制备：将甘油配成50%的溶液，装入锥形瓶中，盖好封口膜，在0.1 MPa、121℃下高压蒸汽灭菌20 min。

（2）菌悬液的制备：取少量待保藏的细菌菌株，在细菌培养基上培养至对数生长期（OD_{600}约为0.6），用0.9% NaCl溶液将培养物洗涤2~3次，去除培养基中的营养物。

（3）加入甘油：在细菌培养物中加入等体积的甘油储备液，充分混合后制备菌种悬液。将制备好的菌种悬液垂直倒置于无菌架上，以便离心时细菌在上层。

（4）离心：将制备好的菌种悬液离心，以去除多余的甘油。用0.9% NaCl溶液重悬细菌沉淀，制备菌悬液浓度为10^8~10^9 CFU/mL。

（5）用无菌吸头吸取菌悬液加入Eppendorf管中，再移取等体积的50%的无菌甘油加入菌悬液中，混匀，即为25%的甘油菌悬液。用封口膜将Eppendorf管的管口封严，做好菌名、培养基种类、接种人、接种时间等标记，放置于–20℃或–70℃下低温保存。

第 5 章 土壤微生物数量和生物量的测定

5.1 土壤微生物直接计数法

显微镜直接计数法是将少量待测样品的菌悬液置于一种特别的具有确定面积和容积的载玻片上（又称计菌器），于显微镜下直接计数的一种简便、快速、直观的方法。目前，国内外常用的计菌器有血细胞计数板、Peteroff-Hauser 计菌器以及 Hawksley 计菌器等，它们都可用于酵母、细菌、霉菌孢子等菌悬液的计数，基本原理相同。显微镜直接计数法的优点是直观、快速、操作简单，但缺点是所测得的结果是死菌体和活菌体的总和。用血细胞计数板在显微镜下直接计数是一种常用的微生物计数方法。

血细胞计数板（图 5-1）是一块特制的长方形厚玻璃板，板面的中部有 4 条直槽，内侧两槽中间有一条横槽把中部隔成两个长方形的平台。平台比整个玻璃板的平面低 0.1 mm，当放上盖玻片后，平台与盖玻片之间的距离（高度）为 0.1 mm。将平台中心部分（3 mm 长、3 mm 宽）精确划分为 9 个大方格，称为计数室，每个大方格面积为 1 mm^2，体积为 0.1 mm^3。以 25×16 型的计数板为例，四角的大方格，又被分为 16 个中方格。中央的大方格则由双线划分为 25 个中方格，每个中方格面积为 0.04 mm^2，体积为 0.004 mm^3；每个中方格又被分成 16 个小方格，每个小方格的面积为 0.002 5 mm^2，体积为 0.000 25 mm^3。在血细胞计数板上加上盖玻片后，滴入待测样品，使菌体细胞均匀充满上述一定容积的小室内，根据每个小室的细胞数目，即可求出每毫升样品中所含菌数。

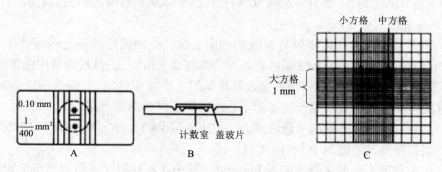

A—正面；B—纵切面；C—放大后的计数室

图 5-1 血细胞计数板构造

5.1.1 土壤稀释液制备

同本书 4.2.1.2。

5.1.2 镜检计数室

在加样前，先对计数板的计数室进行镜检。若有污物，则需清洗，吹干后才能进行计数。

5.1.3 加样品

血细胞计数板上盖上清洁干燥的盖玻片，再用无菌的毛细滴管将摇匀的土壤悬液从盖玻片边缘滴一小滴（不宜过多），让土壤悬液沿缝隙靠毛细渗透作用自动进入计数室。取样时先要摇匀土壤悬液；注意要使计数室中充盈土壤悬液，但不能产生气泡。

5.1.4 显微镜计数

将血细胞计数板置于显微镜的载物台上静置 5 min 左右，先用低倍镜找到计数室所在位置，然后换成高倍镜进行计数。计数时，16×25 型的计数板要按对角线方位，取左上、左下、右上、右下 4 个中方格（100 个小格）进行计数；25×16 型的计数板，除计数上述对角线的 4 个方格外，还需数中央 1 个方格的菌数（80 个小格）。为了计数准确可靠，位于格线上的菌体一般只数上线和右线上的或下线和左线上的。

5.1.5 计算

每个样品重复计数 2～3 次，取其平均值，按公式计算每毫升土壤悬液所含的细胞数。

（1）16×25 型计数板的计算：

$$每毫升土壤悬液细胞数 = \frac{100 小格内细胞数}{100} \times 400 \times 10\,000 \times 稀释倍数$$

（2）25×16 型计数板的计算：

$$每毫升土壤悬液细胞数 = \frac{80 小格内细胞数}{100} \times 400 \times 10\,000 \times 稀释倍数$$

式中，400 为计数板的小格总数；10 000 为计数室 0.1 mm^3 换算成 1 mL 的系数。

5.1.6 清洗血细胞计数板

计数完毕，将血细胞计数板在水龙头下用水冲洗干净，切勿用硬物洗刷，自行晾干或用吹风机吹干，或用擦镜纸轻轻擦拭。镜检，观察每小格内是否有残留菌体或其他沉淀物。若不干净，则必须重复洗涤至干净为止。

5.2 土壤微生物活菌测数法

平板菌落计数法是根据微生物在固体培养基上所形成的一个菌落是由一个单细胞繁殖而成的现象进行的，也就是说一个菌落即代表一个单细胞。计数时，先将待测样品进行一系列稀释，再取一定量的稀释菌液接种到培养皿中，使其均匀分布于平皿中的培养基内，经培养后，由单个细胞生长繁殖形成菌落，统计菌落数目，即可换算出样品中的含菌数。这种计数法能测出样品中基于目标培养基可培养的活菌数。实验步骤如下：

（1）培养基配制：用天平分别称量牛肉膏 3 g、蛋白胨 10 g、氯化钠 5 g、琼脂 16 g、蒸馏水 1 000 mL，依次加入烧杯中，混合后在电炉上加热，不断搅拌以免糊底，直至完全溶解。过滤去除沉淀，加水补足因加热蒸发的水量，用氢氧化钠溶液（或盐酸）调 pH 至 7~8，倒入三角烧瓶中。121℃灭菌 15~30 min，待用。

（2）取无菌平皿 9 个，每 3 个为一组；3 组分别用记号笔标明 10^{-4}、10^{-5}、10^{-6}（稀释度）。另取 6 支盛有 10 mL 无菌水的试管，依次标 10^{-1}、10^{-2}、10^{-3}、10^{-4}、10^{-5}、10^{-6}。

（3）用 1 mL 无菌吸管吸取 1 mL 已充分混匀的土壤菌悬液（待测样品），精确地放至标 10^{-1} 的试管中，此即为 10 倍稀释，得到 10^{-1} 稀释度的菌悬液。将多余的菌悬液放回原液中。将标 10^{-1} 的试管置试管振荡器上振荡，使菌液充分混匀。另取一支 1 mL 吸管插入标 10^{-1} 的试管中来回吹吸菌悬液 3 次，进一步将菌体分散、混匀。吹吸菌液时不要太猛、太快，吸时吸管伸入管底，吹时离开液面，以免将吸管中的过滤棉花浸湿或使试管内液体外溢。用此吸管吸取 10^{-1} 倍稀释的菌悬液 1 mL，精确地放至标 10^{-2} 的试管中，此即为 100 倍稀释，得到 10^{-2} 稀释度的菌悬液。其余依次类推。注意放菌悬液时吸管不要碰到液面，即每一支吸管只能接触一个稀释度的菌悬液，否则稀释不精确，结果误差较大。

（4）微生物培养有两种方法，都可以用于后续计算微生物数量。

1）倒平板法：用 3 支 1 mL 无菌吸管分别吸取 10^{-4}、10^{-5} 和 10^{-6} 稀释度的菌悬液各 1 mL，对号放入编好号的无菌培养皿中，每个培养皿放 0.2 mL。尽快向上述盛有不同稀释度菌悬液的培养皿中倒入熔化后冷却至 45℃左右的培养基，约 15 mL/培养皿，置水平位置迅速旋动培养皿，使培养基与菌悬液混合均匀，而又不使培养基荡出培养皿或溅到皿盖上。待培养基凝固后，将平板倒置于指定温度的恒温培养箱中培养。需要注意的是，由于细菌易吸附到培养皿表面，所以菌悬液加到培养皿后，应尽快摇匀，否则细菌将不易分散或长成的菌落连在一起，影响计数。

2）涂布法：涂抹平板计数法与倒平板法基本相同，所不同的是先将培养基熔化后趁热倒入无菌培养皿中，待凝固后编号，然后用无菌吸管吸取 0.1 mL 菌悬液对号接种在不同稀释度编号的琼脂平板上（每个编号共 3 个重复），再用无菌接种环将菌悬液在平板上涂抹均匀。每个稀释度用一个灭菌接种环，更换稀释度时需用酒精灯外焰灼烧接种环，达到灭菌的目的。将涂抹好的平板平放于桌上 20~30 min，使菌液渗透入培养基内，然后将平板倒转，放入 37℃的恒温培养箱保温培养，至长出菌落后计数。

（5）培养 48 h 后，取出培养平板，算出同一稀释度 3 个平板上的菌落平均数，并按下列公式进行计算：

每毫升中菌落形成单位（CFU）=同一稀释度 3 次重复的平均菌落数×稀释倍数×5

一般选择每个平板上长有 30~300 个菌落的稀释度计算每毫升的含菌量较为合适，同一稀释度的 3 个重复对照的菌落数不应相差很大，否则表示试验不精确。实际工作中同一稀释度重复 3 个，对照平板不能少于 3 个，这样便于数据统计，减少误差。由 10^{-4}、10^{-5} 和 10^{-6} 3 个稀释度计算出的每毫升菌液中菌落形成单位数也不应相差太大。平板菌落计数法中，所选择的用于计数的稀释度很重要。一般 3 个连续稀释度中的第 2 个稀释度菌悬液倒平板培养后，所出现的平均菌落数在 50 个左右为好，否则要适当增大或减小稀释度。

第 6 章 土壤微生物的分类鉴定

土壤微生物是指生活在土壤中的各种微生物群体，包括细菌、真菌、放线菌等。它们是土壤中分解有机物、固氮、鉴别营养成分的重要微生物，对维护土壤健康和生态系统平衡具有非常重要的作用。土壤微生物分类鉴定是指通过对土壤样品进行检测，并使用一系列的实验方法和技术手段来识别和鉴定土壤微生物的种类和数量。为了更好地理解和研究土壤微生物的特性，分类鉴定是十分必要的。通过利用显微镜和染色液对微生物进行形态学观察，对微生物进行生理生化实验等，从而识别和筛选我们所需要的微生物。

6.1 普通光学显微镜的使用技术

微生物的个体微小，一般不能为人们肉眼所看到。但微生物在自然界中的存在是非常广泛的。当微生物细胞落到营养琼脂培养基的表面时，微生物即可大量生长繁殖，形成人们肉眼可见的群体，称为菌落。因此，通过菌落可以了解微生物的存在。

显微镜是微生物学实验最常用的仪器，借助显微镜人们可以观察到微生物。显微镜是一种精密的光学仪器，学会正确使用和保养显微镜，尤其是油镜是非常重要的。

6.1.1 基本构造

显微镜分为机械装置和光学系统两部分。

6.1.1.1 机械装置

（1）镜筒。镜筒上端装目镜，下端接转换器。镜筒为双筒，双筒全倾斜，其中一个筒有屈光度调节装置，以备两眼视力不同者调节使用。两筒之间可调距离，以适应两眼宽度不同者调节使用。

（2）转换器。转换器装在镜筒的下方，其上有 4 个孔，不同规格的物镜分别安装在各孔上。

（3）载物台。载物台为方形，中央有一光孔，孔的两侧装有夹片，载物台上还有移动器，位于载物台的底部，移动器的作用是夹住和移动标本片，可横向（X 螺旋）和纵向（Y 螺旋）移动。

（4）镜臂。镜臂支撑镜筒、载物台、聚光器和调节器。

（5）镜座。支撑整台显微镜，其上有光源开关、光亮控制钮、指示灯、集光器。

（6）调节器。调节的是载物台的位置，有的仪器调节的是镜筒的位置。它包括镜架两侧大、小螺旋调节器（调焦距）各一，前转上升，后转下降。可调节物镜和所需观察的物体之间的距离。

6.1.1.2 光学系统

（1）目镜。装于镜筒上端，由两块透镜组成。目镜把物镜造成的像再次放大，不增加分辨力，一般目镜的放大倍率是8×、10×、15×和20×，可根据需要选用。目镜的放大倍数过大，反而会影响观察效果。

（2）物镜。物镜装在转换器的孔上，物镜有低倍镜（4×、10×）、高倍镜（40×）及油镜（100×）。物镜上标有：NA 1.25、100×、"OI"、160/0.17、0.16等字样。其中NA 1.25为数值孔径（numerical aperture，NA）；100×为放大倍数；"OI"表示油镜（oil immersion）；"160/0.17"中160表示镜筒长，0.17表示要求载玻片的厚度；0.16为工作距离。

油镜与其他物镜不同，其载玻片与油镜之间不是隔一层空气，而是隔一层油质，称为油浸系。常选用香柏油作为油浸介质，因香柏油的折射率 $n=1.52$，与玻璃相同，当光线通过载玻片后，可直接通过香柏油进入物镜而不发生折射。利用油镜不但能增加照明度，更主要的是能增加数值孔径。

（3）聚光器。聚光器安装在载物台的下面，光线通过聚光器被聚集成光锥照射到标本上，可增强照明度和造成适宜的光锥角度，提高物镜的分辨力。当使用油镜工作时，光圈开得最大。

（4）照明：6V 20W卤素灯，亮度可调。

（5）内藏式光源：220V、50Hz或110V、60Hz。

图6-1为普通光学显微镜示意。

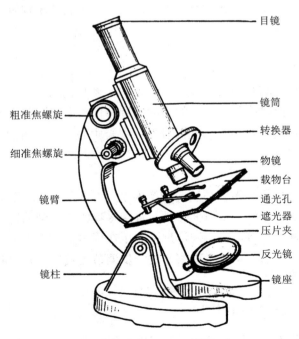

图6-1 普通光学显微镜示意

6.1.2　仪器和药品

光学显微镜、香柏油、二甲苯、酵母菌染色玻片标本。

6.1.3　实验步骤

6.1.3.1　观察前的准备

置显微镜于平稳的实验台上，镜座距实验台边沿 3~4 cm。镜检者姿势要端正，一般用左眼观察，右眼便于绘图或记录，两眼必须同时睁开，以减少疲劳，也可练习左右眼均能观察。调节光源，先将光圈完全开放，升高聚光器至与载物台同样高，否则使用油镜时光线较暗，然后转下低倍镜观察光源强弱。凡观察染色标本时，光线应较强；观察未染色标本时，光线不宜太强。可通过扩大或缩小光圈、升降聚光器、调节内置光源等方法调节光线。

6.1.3.2　低倍镜观察

检查的标本须先用低倍镜观察，因为低倍镜视野较大，易发现目标和确定观察的位置。将酵母菌染色标本置镜台上，用标本夹夹住，移动推动器，使观察对象处在物镜正下方。转动粗调节器，使载物台升到最高，或使镜筒下降，由目镜观察，此时可适当地缩小光圈，否则视野中只见光亮一片，难见到目的物。调节虹彩光圈，与显微镜的数值孔径一致。用粗调节器慢慢降下载物台，直至物像出现后再用细调节器调节到物像清楚时为止。然后移动标本，认真观察标本各部位，找到合适的目的物，并将其移至视野中心，准备用高倍镜观察。

6.1.3.3　高倍镜观察

一般不移动载物台，直接将高倍镜转至正下方，然后由目镜观察，并仔细调节光圈，使光线的明亮度适宜，此时应能看到目的物的模糊影像。用细调节器慢慢调节至物像清晰为止，找到最适宜观察的部位后，将此部位移至视野中心，准备用油镜观察。

6.1.3.4　油镜观察

不移动载物台，直接将高倍镜与油镜转换为"八"字形。不取下玻片，直接在玻片标本的镜检部位滴上一滴香柏油。从侧面注视，直接将物镜转换到油镜，此时油镜浸在香柏油中，其镜头几乎与标本相接，应特别注意不能压在标本上，更不可用力过猛，否则不仅会压碎玻片，也会损坏镜头。从目镜观察，进一步调节光线，使光线明亮，用细调节器调节直至看到清晰的物像。

6.1.3.5　显微镜使用结束后的处理

观察完毕，降下载物台，取下玻片。先用擦镜纸拭去镜头上的油，然后用擦镜纸蘸少许二甲苯擦去镜头上残留的油迹（香柏油溶于二甲苯），最后再用干净的擦镜纸擦去残留的二甲苯。切忌用手或其他纸擦镜头，以免损坏镜头。用擦镜纸清洁其他物镜及目镜。用绸布擦净显微镜的金属部件。将各部分还原，关闭电源开关，将接物镜转成"八"字形，同时把聚光镜降下，以免接物镜与聚光镜发生碰撞危险。

6.2 细菌形态学观察

6.2.1 细菌单染色法

6.2.1.1 基本原理

单染色法是利用单一染料对细菌进行染色的一种方法。此方法操作简便，适用于菌体一般形态的观察。在中性、碱性或弱酸性溶液中，细菌细胞通常带负电荷，所以常用碱性染料进行染色。碱性染料并不是碱，和其他染料一样是一种盐，电离时染料离子带正电，易与带负电荷的细菌结合而使细菌着色。例如，美蓝（亚甲蓝）实际上是氯化亚甲蓝盐（methylenebluechloride，MBC），电离生成正、负离子：

$$MBC \rightarrow 亚甲蓝^+ + Cl^-$$

带正电荷的染料离子可使细菌细胞染成蓝色。常用的碱性染料除美蓝外，还有结晶紫（crystal violet）、碱性复红（basic fuchsin）、番红（safranine，又称沙黄）等。

细菌体积小，较透明，如未经染色常不易识别，而经染色后，与背景形成鲜明的对比，易于在显微镜下进行观察。

6.2.1.2 材料与用品

（1）材料：枯草芽孢杆菌（*Bacillus subtilis*）营养琼脂斜面培养物。

（2）用品：光学显微镜、酒精灯、载玻片、接种环、香柏油、二甲苯、擦镜纸、生理盐水、滴管、吕氏碱性美蓝染色液、石炭酸复红染色液。

6.2.1.3 操作步骤

（1）涂片：取两块干净的载玻片，各滴一小滴生理盐水于载玻片中央，用接种环以无菌操作，从枯草芽孢杆菌斜面上挑取少量菌苔于两块载玻片的水滴中，混匀并涂成薄膜。若用菌悬液（或液体培养物）涂片，可用接种环挑取 2～3 环直接涂于载玻片上。注意滴生理盐水时不宜过多，涂片必须均匀。

（2）干燥：室温自然干燥。

（3）固定：涂片面向上，快速通过酒精灯外焰 2～3 次，使细胞质凝固，以固定细菌的形态，并使其不易脱落。但不能在火焰上烤，否则细菌形态将毁坏。

（4）染色：放标本于水平位置，滴加染色液于涂片薄膜上，染色时间长短随不同染色液而定。吕氏碱性美蓝染色液染 2～3 min，石炭酸复红染色液染 1～2 min。

（5）镜检：按 6.1 操作进行显微镜观察。

6.2.2 细菌革兰氏染色法

6.2.2.1 基本原理

革兰氏染色法（gram stain）是细菌分类和鉴定的重要方法。它是1884年由丹麦医师Gram创立的。用革兰氏染色法不仅能观察到细菌的形态，而且可将所有细菌区分为两大类：染色后呈蓝紫色的称为革兰氏阳性细菌，用G^+表示；染色后呈红色（复染颜色）的称为革兰氏阴性细菌，用G^-表示。细菌对于革兰氏染色的不同反应，是由于它们细胞壁的成分和结构不同而造成的。革兰氏阳性细菌的细胞壁主要由肽聚糖形成的网状结构组成，在染色过程中，当用乙醇处理时，由于脱水而引起网状结构中的孔径变小，通透性降低，使结晶紫-碘复合物被保留在细胞内而不易脱色，因此呈现蓝紫色；革兰氏阴性细菌的细胞壁中肽聚糖含量低，而脂类物质含量高，当用乙醇处理时，脂类物质溶解，细胞壁的通透性增加，使结晶紫-碘复合物易被乙醇洗脱出来，用复染剂复染后，细胞被染上复染剂的红色。

革兰氏染色需用4种不同的溶液：碱性染料（basic dye）初染液、媒染剂（mordant）、脱色剂（decolorizing agent）和复染液（counterstain）。碱性染料初染液的作用如在细菌的单染色法基本原理中所述，用于革兰氏染色的初染液一般是结晶紫。媒染剂的作用是增加染料和细胞之间的亲和性或附着力，即以某种方式帮助染料固定在细胞上，使其不易脱落，碘是常用的媒染剂。脱色剂是将被染色的细胞进行脱色，不同类型的细胞脱色反应不同，有的能被脱色，有的则不能，脱色剂常用95%的酒精。复染液也是一种碱性染料，其颜色不同于初染液，复染的目的是使被脱色的细胞染上不同于初染液的颜色，而未被脱色的细胞仍然保持初染液的颜色，常用的复染液是番红。

6.2.2.2 材料与用品

（1）材料：大肠杆菌（*Escherichia coli*）、枯草芽孢杆菌（*Bacillus subtilis*）。
（2）用品：革兰氏染色液、载玻片、显微镜、酒精灯、接种环、滴管等。

6.2.2.3 操作步骤

（1）涂片：将培养了14～16 h的枯草芽孢杆菌和培养了24 h的大肠杆菌分别制作涂片（注意涂片切不可过于浓厚），干燥，固定。固定时通过火焰1～2次即可，不可过热，以载玻片不烫手为宜。
（2）初染：加草酸铵结晶紫1滴，约1 min，水洗。
（3）媒染：滴加碘液冲去残水，并覆盖约1 min，水洗。
（4）脱色：用滤纸吸去玻片上的残水，并衬以白色背景，用95%酒精滴洗至流出的酒精刚刚不出现紫色时为止，20～30 s，立即用水冲净酒精。
（5）复染：用番红液复染约2 min，水洗。
（6）镜检：干燥后，用油镜观察。革兰氏阴性细菌呈红色，革兰氏阳性细菌呈蓝紫色。以分散开的细菌的革兰氏染色反应为准，过于密集的细菌常常呈假阳性。
（7）混合涂片染色：用同一方法在同一载玻片上以大肠杆菌与枯草芽孢杆菌混合制

片，作革兰氏染色对比。

注意：革兰氏染色的关键在于严格掌握酒精脱色程度。如脱色过度，则阳性菌可被误染为阴性菌；脱色不够时，阴性菌可被误染为阳性菌。此外，菌龄也会影响染色结果，如阳性菌培养时间过长，已死亡或部分菌自行溶解了，都常呈阴性反应。

6.2.3 细菌芽孢染色法

6.2.3.1 基本原理

芽孢染色法是利用细菌的芽孢和菌体对染料的亲和力不同的原理，用不同染料进行着色，使芽孢和菌体呈不同的颜色而便于区别。芽孢壁厚、透性低，着色、脱色均较困难，因此当先用一弱碱性染料，如孔雀绿（malachite green）或碱性品红（basic fuchsin）在加热条件下进行染色时，此染料不仅可以进入菌体，也可以进入芽孢，进入菌体的染料可经水洗脱色，而进入芽孢的染料则难以透出，若再用复染液（如番红水溶液）或衬托溶液（如黑色素溶液）处理，此时菌体即被染成红色，而芽孢难着色，仍呈绿色，则菌体和芽孢易于区分。

6.2.3.2 材料与用品

（1）材料：枯草芽孢杆菌（*Bacillus subtilis*）、解淀粉芽孢杆菌（*Bacillus amyloliquefaciens*）。
（2）用品：孔雀绿染液、番红水溶液等。

6.2.3.3 操作步骤

（1）制片：将培养了 24 h 左右的枯草芽孢杆菌和解淀粉芽孢杆菌制作涂片、干燥、固定。
（2）染色：滴加 3～5 滴孔雀绿染液于已固定的涂片上。用木夹夹住载玻片在火焰上加热，使染液冒蒸汽但勿沸腾，切忌使染液蒸干，必要时可添加少许染液。加热时间从染液冒蒸汽时开始计算 4～5 min。这一步也可不加热，改用饱和的孔雀绿水溶液（约 7.6%）染 10 min。
（3）脱色：倾去染液，待玻片冷却后水洗至流出的水无绿色为止。
（4）复染：用番红水溶液复染 1 min，倾去染液并用滤纸吸干残液。
（5）镜检：待干燥后，置油镜下观察。芽孢呈绿色，菌体呈红色。

6.2.4 细菌荚膜染色法

6.2.4.1 基本原理

荚膜是包围在细菌细胞外的一层黏液状物质，其主要成分是多糖类，不易被染色，故常用衬托染色法，即将菌体和背景着色，而荚膜不着色，染色后荚膜在菌体的衬托下呈现透明状。荚膜很薄，易变形，因此制片时一般不用热固定。

6.2.4.2 材料与用品

（1）材料：圆褐固氮菌（*Azotobacter chroococcus*）。
（2）用品：荚膜染色液、甲醇、黑色素溶液、番红水溶液、载玻片、滤纸、显微镜等。

6.2.4.3 操作步骤

（1）涂片：在载玻片一端滴一滴无菌水，取少许培养了 72 h 的圆褐固氮菌在水滴中制成悬液。取一滴新配好的黑色素溶液（也可用绘图墨水）与菌悬液混合。另取一块载玻片作为推片，将推片一端平整的边缘与菌悬液以 30°角接触后，顺势将菌悬液推向前方，使其成匀薄的一层，风干。
（2）固定：用甲醇浸没涂片固定 1 min，倒去甲醇。
（3）染色：加番红水溶液数滴于涂片上，冲去残余甲醇，并染 30 s。
（4）水洗、干燥：以细水流适当冲洗，用滤纸吸干或自然干燥。
（5）镜检：用油镜观察，背景黑色，荚膜无色透明，菌体红色。

6.2.5 细菌鞭毛染色法

6.2.5.1 基本原理

鞭毛是细菌的运动器官，细菌是否具有鞭毛以及鞭毛的着生位置和数目是细菌的一项重要形态特征。细菌的鞭毛很纤细，其直径通常为 $0.01\sim 0.02~\mu m$，所以除了很少数能形成鞭毛束（由许多根鞭毛构成）的细菌可以用光学显微镜直接观察到鞭毛束的存在外，一般细菌的鞭毛均不能用光学显微镜直接观察到，而只能用电子显微镜观察。要用普通光学显微镜观察细菌的鞭毛，必须用鞭毛染色法。

鞭毛染色法的基本原理是在染色前先用媒染剂处理，使它沉积在鞭毛上，使鞭毛直径加粗，然后再进行染色。鞭毛染色方法很多，本实验介绍硝酸银染色法和改良的 Leifson 氏染色法，前一种方法更容易掌握，但染色剂配制后保存期较短。

6.2.5.2 材料与用品

（1）菌种：变异变形杆菌（*Proteus vulgaris*）、假单胞菌（*Pseudomonas* sp.）。
（2）染色剂：硝酸银鞭毛染色液 [A 液：丹宁酸 5.0 g，$FeCl_3$ 1.5 g，15%甲醛（福尔马林）2.0 mL，1%NaOH 1.0 mL，蒸馏水 100 mL；B 液：$AgNO_3$ 2.0 g，蒸馏水 100 mL]、Leifson 氏鞭毛染色液、0.01%美蓝水溶液。
（3）仪器或其他用具：载玻片、盖玻片、凹载玻片、无菌水、凡士林、显微镜等。

6.2.5.3 操作步骤

（1）硝酸银染色法
用活跃生长期菌种作鞭毛染色和运动性的观察。对于冰箱保存的菌种，通常要连续移种 1~2 次，然后可选用下列方法接种培养作染色用菌种：①取新配制的营养琼脂斜面接种，28~32℃培养 10~14 h，取斜面和冷凝水交接处培养物作染色观察材料；②取新配制的营养琼脂（含 0.8%～1.0%的琼脂）平板，用接种环将新鲜菌种点种在平板中央，28～32℃培养 18～30 h，让菌种扩散生长，取菌落边缘的菌苔（不要取菌落中央的菌苔）作染色观察的菌种材料。

将载玻片在含适量洗衣粉的水中煮沸约 20 min，取出用清水充分洗净，沥干后置 95%酒精中，用时取出在火焰上烧去酒精及可能残留的油迹。玻片要求洁净、光滑，尤其忌用带油迹的玻片（将水滴在玻片上，无油迹玻片上水能均匀散开）。

取斜面或平板菌种培养物数环于盛有 1～2 mL 无菌水的试管中，制成轻度混浊的菌悬液用于制片。也可用培养物直接制片，但效果往往不如先制备菌悬液。

取一滴菌悬液于载玻片的一端，然后将玻片倾斜，使菌液缓缓流向另一端，用吸水纸吸去玻片下端多余的菌液，室温或 37℃温箱自然干燥。干燥后应尽快染色，不宜放置时间过长。

涂片干燥后，滴加硝酸银染色 A 液覆盖 3～5 min，用蒸馏水充分洗去 A 液。用 B 液冲去残水后，再加 B 液覆盖涂片染色约数秒至 1 min，当涂面出现明显褐色时，立即用蒸馏水冲洗。若加 B 液后显色较慢，可用微火加热，直至显褐色时立即水洗。自然干燥。

配制合格的染色剂（尤其是 B 液）、充分洗去 A 液后再加 B 液、掌握好 B 液的染色时间均是鞭毛染色成功的重要环节。

干燥后用油镜观察。观察时，可从玻片的一端逐渐移至另一端，有时只在涂片的一定部位观察到鞭毛。菌体呈深褐色，鞭毛显褐色、通常呈波浪形。

（2）改良的 Leifson 氏染色法

载玻片的准备、菌种材料的准备同硝酸银染色法。用记号笔在载玻片反面将玻片分成 3～4 个等分区，在每一小区的一端放一小滴菌液。将玻片倾斜，让菌液流到小区的另一端，用滤纸吸去多余的菌液。室温或 37℃温箱自然干燥。

加 Leifson 氏染色液覆盖第一区的涂面，隔数分钟后，加染液于第二区涂面，如此继续染第三、第四区。间隔时间自行决定，其目的是确定最佳染色时间。在染色过程中仔细观察，当整个玻片出现铁锈色沉淀、染料表面出现金色膜时，直接用水轻轻冲洗（不要先倾去染液再冲洗，否则背景不清）。染色时间大约 10 min。自然干燥。

干燥后用油镜观察。菌体和鞭毛均呈红色。

6.3 放线菌形态学观察

6.3.1 基本原理

和细菌的单染色一样，放线菌也可用石炭酸复红染色液或吕氏碱性美蓝染色液等染料着色后，在显微镜下观察其形态。放线菌能形成分枝状菌丝体。菌丝体分为两部分，即潜入培养基中的营养菌丝（或称基内菌丝）和生长在培养基表面的气生菌丝。有些气生菌丝分化成各种孢子丝，呈螺旋形、波浪形或分枝状等。孢子常呈圆形、椭圆形或杆状。气生菌丝及孢子的形状和颜色常作为放线菌分类鉴定的重要依据。

6.3.2 材料与用品

（1）菌种：灰色链霉菌（*Streptomyces griseus*）。
（2）染色剂：石炭酸复红染色液、吕氏碱性美蓝染色液。
（3）仪器或其他用具：显微镜、载玻片、盖玻片、高氏Ⅰ号培养基、平皿、接种环、接种铲、吸水纸等。

6.3.3 操作步骤

6.3.3.1 菌落形态观察

挑取细灰色链霉菌的少量孢子丝，点种于高氏Ⅰ号培养基上，于37℃温箱中培养3~5 d。观察菌落形态。注意菌落的形状、质地、颜色、表面和背面特征以及菌落的牢固程度等。

6.3.3.2 孢子丝形态观察

将溶化的高氏Ⅰ号培养基倒入甲、乙两个无菌培养皿中。甲皿倒入15 mL，乙皿倒入5 mL，平置凝固待用。将盖玻片斜插在甲皿中的培养基上，每皿可插6片。用小刀将乙皿中的培养基切成边长为3 mm左右的小方块。用接种铲铲取乙皿中的培养基小块，放在甲皿的盖玻片上，培养基小块的下方应与甲皿培养基接触。在盖玻片上的培养基上接种少量放线菌菌种，于37℃温箱中培养5 d左右。取出带有培养基的盖玻片，在显微镜下观察，注意基内菌丝、气生菌丝和孢子丝的形状。

6.3.3.3 孢子形状观察

取一盖玻片，在单菌落表面轻轻按压，使孢子贴附在盖玻片上。取一载玻片，在其中部滴加一滴吕氏碱性美蓝染色液。将盖玻片带有孢子的一面朝下，盖在载玻片的染色液上，用吸水纸吸去多余染色液。置于显微镜下，观察孢子的形状和断裂方式。

6.4 酵母菌形态学观察

6.4.1 基本原理

酵母菌的有性繁殖一般是形成子囊孢子。其形成过程为：两个接合型不同的细胞各向对方伸出一个小突起并相互接触，接触处的细胞壁溶解，细胞膜融合发生质配，继而发生核配，形成二倍体细胞，此二倍体细胞在适宜条件下经过减数分裂形成4~8个单倍体核，这些单倍体核周围包裹原生质并形成厚壁，即得到子囊孢子。子囊孢子的形成与否及其数量和形状，是对酵母菌进行鉴定的重要依据之一。

酿酒酵母从营养丰富的培养基上移植到含有醋酸钠和葡萄糖（或棉籽糖）的产孢培养基上，于室温下培养，即可诱导其子囊孢子的形成。

接合孢子是霉菌常见的一种有性孢子，由两条不同性别的菌丝特化的配子囊接合而成。霉菌的接合分为同宗配合和异宗配合。根霉和蓝色犁头霉的接合孢子都属于异宗配合孢子，将它们的两种不同性别的菌株（标记为"+"和"−"）接种在同一琼脂平板中，经一定时间培养后，即可产生出接合孢子。

6.4.2 材料与用品

（1）菌株：酿酒酵母（*Saccharomyces cerevisiae*）、匍枝根霉（*Rhizopus stolonifer*）。
（2）培养基：麦氏培养基、马铃薯琼脂培养基。
（3）石炭酸复红染色液、吕氏碱性美蓝染色液、乳酸石炭酸棉蓝染色液。
（4）仪器或其他用具：载玻片、盖玻片、镊子、接种环、酒精灯、蒸馏水、滴管、试管、培养皿、显微镜等。

6.4.3 操作步骤

6.4.3.1 酵母菌子囊孢子的观察

将酿酒酵母斜面用马铃薯琼脂培养基活化 2～3 代后，转接于麦氏培养基斜面上，于 25℃培养 3～5 d，即可形成子囊孢子。

于载玻片上加 1 滴蒸馏水，取子囊孢子培养体少许放入水滴中制成涂片，干燥固定后用石炭酸复红染色液加热染色 5～10 min（不能沸腾），倾去染液，用酸性酒精冲洗 30～60 s 脱色，再用水洗去酒精，最后加吕氏碱性美蓝染色液染色数秒后水洗去染液，用吸水纸吸干后置显微镜下镜检。子囊孢子为红色，菌体为青色。

6.4.3.2 根霉接合孢子的观察

将匍枝根霉的"+""−"菌株分别活化 2～3 代，分别点接在同一平板的左右两侧，使两菌株之间有一定的距离，置于 28℃培养 5 d 后观察。

取一块洁净载玻片，滴加 1 滴蒸馏水或乳酸石炭酸棉蓝染色液，用解剖针挑取"+""−"菌株间的菌丝少许，用 50%酒精浸润并用水洗涤后放于载玻片上，小心分散菌丝，加盖玻片后先置低倍镜下观察，必要时转换高倍镜。注意观察接合孢子形成的不同时期以及接合孢子和配子囊的形状。

6.5 霉菌形态学观察

6.5.1 基本原理

霉菌菌丝较粗大，细胞易收缩变形，而且孢子易飞散，所以制标本时常用乳酸石炭酸棉蓝染色液。用此染色液制成的霉菌标本片的特点是：细胞不变形；具有杀菌防腐作用，且不易干燥，能保存较长时间；溶液本身呈蓝色，有一定染色效果。

霉菌自然生长状态下的形态观察常用载玻片培养观察法，此法是接种霉菌孢子于载玻片上的适宜培养基上，培养后用显微镜观察。此外，为了得到清晰、完整、保持自然状态的霉菌形态，还可利用玻璃纸透析培养观察法进行观察。此方法是利用玻璃纸的半透膜特性及透光性，使霉菌生长在覆盖于琼脂培养基表面的玻璃纸上，然后将长菌的玻璃纸剪取一小片，贴放在载玻片上用显微镜观察。

6.5.2 材料与用品

（1）材料：曲霉（*Aspergillus* sp.）、青霉（*Penicillium* sp.）。
（2）用品：乳酸石炭酸棉蓝染色液、20%甘油、察氏培养基平板、无菌吸管、解剖刀、解剖针、镊子、玻璃刮棒、玻璃纸、滤纸、载玻片、盖玻片、显微镜等。

6.5.3 操作步骤

6.5.3.1 载玻片培养观察法

于洁净载玻片上，滴一滴乳酸石炭酸棉蓝染色液，用解剖针从霉菌菌落的边缘处取少量带有孢子的菌丝置染色液中，再细心地将菌丝挑散开，然后小心地盖上盖玻片，注意不要产生气泡。置显微镜下观察，先用低倍镜观察，必要时再换高倍镜。

6.5.3.2 玻璃纸透析培养观察法

向霉菌斜面试管中加入 5 mL 无菌水，洗下孢子，制成孢子悬液。用无菌镊子将已灭菌、直径与培养皿相同的圆形玻璃纸覆盖于察氏培养基平板上。用 1 mL 无菌吸管吸取 0.2 mL 孢子悬液于上述玻璃纸平板上，并用无菌玻璃刮棒涂抹均匀。置 28℃温箱中培养 48 h 后，取出培养皿，打开皿盖，用镊子将玻璃纸与培养基分开，再用剪刀剪取一小片玻璃纸置载玻片上，用显微镜观察。

6.6 生物化学反应法鉴定

各种微生物由于营养类型不同，对基质中营养成分的利用及代谢产物不同。因此，可利用不同微生物的生理生化反应特征鉴定微生物。

6.6.1 细菌生理生化实验

6.6.1.1 细菌对大分子物质的分解利用

6.6.1.1.1 原理

（1）淀粉水解实验：某些细菌可以产生淀粉酶（胞外酶），使淀粉水解为麦芽糖和葡萄糖，再被细菌吸收利用，淀粉水解后遇碘不再变蓝色。
（2）油脂水解试验：某些细菌能分泌脂肪酶（胞外酶），将脂肪水解为甘油和脂肪酸，所产生的脂肪酸，可通过中性红加以指示，指示范围 pH 6.8（红）～8.0（黄）。当细菌分解培养基中的脂肪产生脂肪酸时，在加有中性红的培养基中则会出现红色斑点。

（3）明胶液化试验：明胶是一种动物蛋白，用其配制的培养基在低于20℃时凝固，高于24℃时自行液化。在细菌产生的蛋白酶（胞外酶）作用下，可水解成为小分子物质，此时虽在低于20℃的条件下，也不会再凝固，而由原来的凝固状态变为液体状态。

（4）石蕊牛乳试验。牛乳中主要含有乳糖和酪蛋白。细菌对牛乳的利用主要是指对乳糖及酪蛋白的分解和利用。牛乳中加入石蕊作为酸碱指示剂和氧化还原指示剂，石蕊中性时呈淡紫色，酸性时呈粉红色，碱性时呈蓝色，还原时则部分或全部脱色。

细菌对牛乳的利用可分为以下几种情况：①产酸细菌发酵乳糖产酸，使石蕊变红；②酸凝固，细菌发酵乳糖产酸，使石蕊变红，当酸度很高时，可使牛乳凝固；③凝乳酶凝固，某些细菌能分泌凝乳酶，使牛乳中的酪蛋白凝固，此时石蕊呈蓝色或不变色；④产碱细菌分解酪蛋白产生碱性物质，使石蕊变蓝；⑤陈化细菌产生蛋白酶，使酪蛋白分解，牛乳变得清亮透明；⑥还原细菌旺盛生长时，使培养基氧化还原电位降低，石蕊被还原而褪色。

6.6.1.1.2 材料

（1）菌株：枯草芽孢杆菌（*Bacillus subtilis*）、铜绿假单孢菌（*Pseudomonas aeruginosa*）、金黄色葡萄球菌（*Staphylococcus aureus*）、地衣芽孢杆菌（*Bacillus licheniformis*）、变异肠杆菌（*Enterobacter aerogenes*）。

（2）培养基及试剂：淀粉培养基、油脂培养基、明胶液化培养基、石蕊牛乳培养基、碘液等。

（3）主要器材：试管、三角瓶、培养皿、接种针、接种环等。

6.6.1.1.3 实验步骤

（1）淀粉水解试验：将淀粉培养基融化后制成平板，在皿底背面用记号笔画分割线，用接种环挑取枯草芽孢杆菌在平板一边画"十"字形接种作为阳性对照菌，另取试验菌在平板另一边以同样方法接种，倒置于37℃恒温箱中培养24 h，观察时打开皿盖滴加少量碘液于平板培养基上，轻轻旋转，使碘液均匀铺满整个平板。如菌体周围出现无色透明圈，则说明淀粉已被水解，称淀粉水解试验阳性；否则为阴性。透明圈的大小说明该菌水解淀粉的能力大小。

（2）油脂水解试验：将油脂培养基融化后充分振荡，使油脂分布均匀，再倾注平板。在皿底背面用记号笔画分割线，在平板一边画线接种金黄色葡萄球菌作为阳性对照菌，另一边接种试验菌变异肠杆菌。倒置37℃培养24 h。观察结果时，如平板上长菌的地方出现红色斑点，即说明脂肪已被水解，此为阳性反应；否则为阴性反应。

（3）明胶液化试验：用穿刺法将变异肠杆菌和枯草芽孢杆菌分别接种在明胶培养基试管中，20℃培养48 h，观察培养基是否液化。如细菌在此温度不能生长，则必须在所需的最适温度培养1~3 d。观察结果时需将试管从温箱中取出，置于冰浴或冰箱中，30 min后立即倾斜试管，如试管中培养基部分或全部呈液化状态，表明试验菌为阳性；否则为阴性。

（4）石蕊牛乳试验：分别接种地衣芽孢杆菌和铜绿假单胞菌于两支石蕊牛乳培养基中，37℃培养7 d，另外保留一支不接种的石蕊牛乳培养基作为对照。观察结果时要注意连续观察，因为产酸、凝固、陈化各现象是连续出现的，往往是观察到某种现象出现时，另一现象已消失。

6.6.1.2 细菌对碳水化合物的分解利用

同一种细菌对不同含碳化合物或不同的细菌对同一种含碳化合物的分解利用能力、代谢途径、代谢产物是不完全相同的。细菌对含碳化合物的分解利用特性是菌种鉴定的重要依据。

6.6.1.2.1 原理

（1）糖或醇发酵试验：细菌分解糖或醇的能力差异很大，有些细菌能分解某种糖后产生有机酸及气体，而有些细菌只产酸不产气。酸的产生利用指示剂来显示，在培养基中预先加入溴甲酚紫 pH 5（黄）～7（紫）。当细菌发酵糖产酸时，可使培养基由紫色变为黄色。气体的产生可由糖发酵管中倒置的杜氏小管中有无气泡来证明。

（2）乙酰甲基甲醇（V-P）试验：某些细菌在糖代谢过程中，分解葡萄糖产生丙酮酸，丙酮酸经缩合和脱羧生成乙酰甲基甲醇。乙酰甲基甲醇在碱性条件下，被空气中的氧气氧化生成二乙酰，二乙酰可与蛋白胨中的精氨酸的胍基作用，生成红色化合物，此为 V-P 试验阳性反应。

（3）甲基红（MR）试验：某些细菌在糖代谢过程中，将葡萄糖分解为丙酮酸，丙酮酸再被分解为甲酸、乙酸、乳酸等，使 pH 降低到 4.2 或更低，并至少持续 4 d 之久。酸的产生可由甲基红指示剂的变色显示 pH 4.2（红色）～6.3（黄色）。细菌分解葡萄糖产酸，则培养液由原来的橘黄色变为红色，此为 MR 试验阳性。MR 试验阴性的细菌将产生的酸进一步代谢，在 4 d 内生成中性化合物。因此，进行此项试验时，观察时间很重要。

（4）柠檬酸盐利用试验：细菌利用柠檬酸盐的能力不同，有的菌可利用柠檬酸钠作为唯一碳源，有的则不能。某些菌在分解柠檬酸钠后即形成碳酸盐而使培养基碱性增加，可根据培养基中指示剂变色情况来判断试验结果。当用溴麝香草酚蓝作为指示剂时，变色范围为 pH＜6.0 时呈黄色，pH 6.0～7.6 呈绿色，pH＞7.6 呈蓝色；也可用苯酚红作为指示剂，pH 6.3 呈黄色，pH 8.0 呈红色。

（5）过氧化氢酶试验：某些微生物可在有氧条件下生长，其呼吸链以氧作为最终氢受体生成 H_2O_2，由于其细胞内具有过氧化氢酶，可将有毒的 H_2O_2 分解成无毒的 H_2O 和 O_2，而另一些微生物不具有此酶。

6.6.1.2.2 材料

（1）菌株：枯草芽孢杆菌（*Bacillus subtilis*）、荧光假单胞菌（*Pseudomonas fluorescens*）。

（2）培养基及试剂：乳糖发酵培养基、葡萄糖蛋白胨培养基、柠檬酸钠培养基、MR 试剂、40%KOH 溶液、5% α-萘酚溶液、3%～10% H_2O_2 溶液等。

（3）主要器材：试管、三角瓶、培养皿、接种针、接种环等。

6.6.1.2.3 实验步骤

（1）糖或醇发酵试验：分别接种枯草芽孢杆菌和荧光假单胞菌于两支乳糖发酵培养基试管中，另取一支相同培养基试管不接种作为空白对照，37℃培养。结果观察：24 h、48 h、72 h 各记录一次，缓慢者需观察更长时间（14～30 d）。产酸又产气者记作"⊕"；只产酸不产气者记作"+"；产酸气泡很小似小米粒大小者称为产酸微量产气，记作"+"；上述 3 种情况均称作糖发酵试验阳性。3 d 以后才出现阳性反应者称为"发酵迟缓"。在指定的培养时间内，不产酸者记作"−"，称作试验阴性。

（2）乙酰甲基甲醇（V-P）试验：分别接种枯草芽孢杆菌和荧光假单胞菌于葡萄糖蛋白胨培养基试管中，连同空白对照，置 37℃ 培养 24 h。结果观察，在培养液中加入 40% KOH 溶液 10~20 滴，再加入等量的 5%α 萘酚溶液，拔去棉塞，用力振荡，再放入 37℃ 温箱中保温 15~30 min 或在沸水中加热 1~2 min，如培养液出现红色为 V-P 试验阳性，记作"+"；不呈红色者为阴性，记作"−"。

（3）甲基红（MR）试验：分别接种枯草芽孢杆菌和荧光假单胞菌于葡萄糖蛋白胨培养基试管中，另取一支相同培养基试管不接种作为空白对照，置 37℃ 培养 24 h。结果观察，沿试管壁向培养基中加入 MR 试剂 5~6 滴，呈鲜红色者为 MR 试验阳性，呈橘红色者为弱阳性，呈橘黄色者为阴性。

（4）柠檬酸盐利用试验：将试验菌种接种于柠檬酸钠培养基斜面上，另取一支不接种作为空白对照。置 37℃ 培养 24~48 h。结果观察，试验菌种生长良好，含有溴麝香草酚蓝的斜面呈蓝色者为阳性反应，呈绿色者为阴性反应；含苯酚红的斜面呈红色者为阳性反应，呈黄色者为阴性反应。

（5）过氧化氢酶试验：取一干净的载玻片，在上面滴一滴 3%~10% H_2O_2 溶液，挑取一环刚经过 18~24 h 斜面培养的试验菌的菌苔，在 H_2O_2 溶液中涂抹，若产生气泡为过氧化氢酶阳性反应，不产生气泡者为阴性反应。

6.6.1.3 细菌对含氮化合物的分解利用

不同细菌对不同含氮化合物的分解利用能力、代谢途径、代谢产物不完全相同。微生物对含氮化合物分解利用的生化反应是菌种鉴定的重要依据。

6.6.1.3.1 原理

（1）吲哚试验：有些细菌可分解色氨酸产生吲哚，有些则不能，产生的吲哚可与对二甲基氨基苯甲醛结合，形成红色的玫瑰吲哚。

（2）硫化氢试验：有些细菌能分解含硫氨基酸（如胱氨酸、半胱氨酸、甲硫氨酸等）产生硫化氢，硫化氢遇铅盐或铁盐可生成黑色硫化铅或硫化铁沉淀，从而可确定硫化氢的产生。

（3）产氨试验：某些细菌能使氨基酸脱去氨基，生成有机酸和氨，氨的产生可通过与氨试剂起反应而加以鉴定。氨与氨试剂（奈氏试剂）反应可生成黄色或棕色物质。

（4）苯丙氨酸脱氨酶试验：某些细菌具有苯丙氨酸脱氨酶，可将苯丙氨酸氧化脱氨，形成苯丙酮酸，苯丙酮酸遇到三氯化铁呈蓝绿色。

（5）氨基酸脱羧酶试验：有些细菌含有氨基酸脱羧酶，使氨基酸脱去羧基，生成胺类和二氧化碳。此反应在偏酸性条件下进行，产生碱性的胺类物质使培养基中溴甲酚紫指示剂呈紫色，为阳性反应；阴性反应者无碱性产物，但分解葡萄糖产酸，使培养基呈黄色。

（6）硝酸盐还原试验：某些细菌能将硝酸盐还原为亚硝酸盐，有些细菌还能进一步将亚硝酸盐还原为氨和氮。如果细菌能将硝酸盐还原为亚硝酸盐，则亚硝酸盐可与格氏亚硝酸试剂反应产生粉红色或红色化合物。

如果在培养液中加入格氏亚硝酸试剂后不出现红色，则存在两种可能：

①试验菌不能将硝酸盐还原为亚硝酸盐，故培养液中不存在亚硝酸盐，而硝酸盐仍然存在，此为阴性反应。

②细菌能将硝酸盐还原为亚硝酸盐，而且还能进一步将亚硝酸盐还原为氨和氮，故培养液中既无亚硝酸盐存在，也无硝酸盐存在，此为阳性反应。

检查培养液中是否有硝酸盐存在的方法：在培养液中加入锌粉（可使硝酸盐还原为亚硝酸盐），再加入格氏亚硝酸试剂，培养液变红说明硝酸盐存在；如培养液不变红，说明硝酸盐不存在。

6.6.1.3.2 材料

（1）菌株：枯草芽孢杆菌（*Bacillus subtilis*）、荧光假单胞菌（*Pseudomonas fluorescens*）、变形杆菌（*Proteusbacillus vulgaris*）。

（2）培养基及试剂：蛋白胨水培养基、柠檬酸铁铵半固体培养基、牛肉膏蛋白胨液体培养基、苯丙氨酸培养基、氨基酸脱酶试验培养基、硝酸盐还原试验培养基。乙醚、吲哚试剂、氨试剂（奈氏试剂）、10%三氯化铁溶液、格里斯氏试剂（亚硝酸盐试剂，分 A 液和 B 液）、锌粉。

（3）主要器材：试管、接种针、接种环等。

6.6.1.3.3 实验步骤

（1）吲哚试验：接种试验菌种于蛋白胨水培养基试管中，另取一支不接种作为对照。置 37℃培养 24 h。结果观察，在培养液中加入乙醚约 1 mL 形成明显的乙醚层，充分振荡，使吲哚溶于乙醚中，静置片刻，待乙醚层浮于液面后，再沿管壁加入吲哚试剂 10 滴。如有吲哚存在，则乙醚层呈现玫瑰红色，为阳性反应（加入吲哚试剂后不可再摇动，否则红色不明显）；不呈现红色则为阴性反应。

（2）硫化氢试验：用穿刺接种法接试验菌于硫酸亚铁琼脂培养基中，37℃培养 2~4 d 后。培养基中有黑色物质者，为硫化氢试验阳性，否则为阴性。

（3）产氨试验：接种试验菌于牛肉膏蛋白胨液体培养基试管中，另取一支不接种的牛肉膏蛋白胨液体培养基试管作为对照，37℃培养 24 h。在培养液中加入 3~5 滴的氨试剂，如出现黄色或棕红色沉淀为阳性反应，无黄色或棕红色沉淀为阴性反应。

（4）丙氨酸脱氨酶试验：接种试验菌于苯丙氨酸斜面上，接种量要大，另取一支不接种的斜面作为对照，置 37℃培养 24 h。在培养好的斜面上滴加 2~3 滴 10%三氯化铁溶液，自培养物上方流到下方，呈蓝绿色者，为阳性反应，否则阴性反应。

（5）氨基酸脱酶试验：取加 L-鸟氨酸或 L-赖氨酸或 L-精氨酸的培养基试管，数量与试验菌数相同，将试验菌分别接入其内；另取相同数量的未加氨基酸的对照培养基试管，将上述试验菌接入其内。然后将全部试管放入 37℃恒温箱中培养 18~24 h，培养基呈紫色者为氨基酸脱酸酶试验阳性；培养基呈黄色者为该项试验阴性。

（6）硝酸盐还原试验：接种试验菌于硝酸盐还原试验培养基试管中，另取一支不接种的培养基试管作为对照，37℃培养 48 h。先从对照管中取出一半培养液装入一干净的试管中，向其中一支对照管内加入格里斯氏试剂 A 液 3~5 滴，摇匀，再加 B 液 3~5 滴，摇匀，如果出现红色，说明培养基中有亚硝酸盐，应重新配制培养基，若不出现红色为合格培养基；在另一支对照试管中加入锌粉少许，摇动，加热，再按上述方法加入格里斯氏试剂，如出现红色，说明培养基中存在硝酸盐。否则，应重新配制培养基。在对照培养基合格的前提下，将接种过的培养液也分成两管，其中一管按上述方法加入格里斯氏试剂，如出现红色，则为阳性反应。如不出现红色，则需在另一管中先加入少量锌粉，摇动，加热，再按上述方法加入格里斯氏试剂,如出现红色,则证明培养液中硝酸盐仍然存在,此为阴性反应;如不出现红色,则说明硝酸盐已被进一步还原成氨和氮,应为阳性反应。

6.6.2 酵母菌生理生化实验

6.6.2.1 原理

(1) 酵母菌糖发酵试验:酵母菌发酵糖类时通常会产生二氧化碳,因此可根据发酵过程中产不产气及产气的多少来判断酵母菌对某种糖的发酵能力。酵母菌发酵不同糖类的能力,可用于菌种鉴定,常用的糖类有葡萄糖、燕糖、半乳糖、麦芽糖、乳糖、蜜二糖、棉子糖、纤维二糖、松三糖、菊芋糖、可溶性淀粉等。

(2) 酵母菌碳源同化试验:某一酵母能发酵某种糖,也就能同化这种糖。所以,做同化糖类试验时,只需做那些不能被发酵的碳源。对于酵母菌的分类,糖类以外的有机物如乙醇的同化作用,也是重要的标志之一。测试碳源的种类:包括葡萄糖、麦芽糖、乳糖、半乳糖、L-山梨糖、纤维二糖、海藻糖、蜜二糖、棉子糖、松三糖、菊芋糖、可溶性淀粉、D 木糖、L-阿拉伯糖、D-阿拉伯糖、D-核糖、L-鼠李糖等。

(3) 酵母菌氮源同化实验:由于一般酵母菌含有的蛋白酶不分泌到体外,所以酵母菌的氮源多为蛋白质的低级分解物与铵盐,较易同化的含氮物质为尿素、铵盐和酰胺。

(4) 酵母菌产酯实验:某些酵母菌可形成某种酯类物质,具有芳香味,用嗅觉可以判断,可鉴定某些酵母菌的指标。

6.6.2.2 材料

(1) 菌株:酿酒酵母(*Saccharomyces cereuisiue*)、热带假丝酵母(*Candido tropicalis*)。

(2) 培养基及试剂:12.5%豆芽汁、0.6%酵母浸汁、无菌生理盐水、同化碳源基础培养基、酵母菌无氮合成培养基、产酯培养基。

(3) 主要器材:试管、杜氏管、接种针、移液管、酒精棉球、接种环、不锈钢铲、无菌吸管、平皿、酒精灯、三角瓶等。

6.6.2.3 实验步骤

6.6.2.3.1 酵母菌糖发酵试验

将 12.5%豆芽汁分装于含杜氏管的试管中,121℃灭菌 20 min。用无菌水将测试的糖类配制成10%的溶液,煮沸 15 min,冷却后用无菌移液管吸取一定量的糖液分装于试管内的豆芽汁中,使糖浓度达到 2%。将新鲜的菌种接入发酵管中,25~28℃培养,每天观察结果。

如杜氏管封闭一端的顶部有气体(CO_2)时,说明该菌能发酵某种糖,此为阳性反应,否则为阴性反应。通常糖类发酵在 2~3 d 内即可观察到结果,凡不发酵或弱发酵者可延长观察至 10 d,半乳糖发酵时,观察的最终时间可延长到 2 周或 1 个月。

6.6.2.3.2 酵母菌碳源同化试验

采用生长图谱法,取无菌生理盐水 3 mL,将供试菌种接入其内,充分摇匀,然后吸取 1 mL 菌悬液放入无菌平皿中,倒入已融化并冷却至 45~50℃的无碳源基础培养基,摇匀，待凝后，置28℃倒置培养7 h，使表面稍干，然后在皿底上用记号笔划分成6个小区，其中，1个小区作为对照，其余5个小区标上试验用的碳源。将少许碳源（约米粒大小）用无菌不锈钢标记加到带菌平板上，先正放2~4 h，然后置28℃下倒置培养1~2 d，观察结果。

若能在某一小区内形成生长圈，说明该菌能利用这种碳源。若结果不明显时，可再补加些碳源，置28℃继续培养观察。对于生长缓慢的酵母或测定半乳糖同化时，可采用液体法，即在含有0.5%的某种碳源的培养基中，接入菌种，28℃下培养1~2周，观察生长情况，注意液体是否变浑，是否有膜、环或岛的形成等。测试乙醇同化时，也可用液体法，先将无碳源基础培养液灭菌，接种前加3%乙醇，接种供试酵母，置28℃培养2~3周后观察。

6.6.2.3.3 酵母菌氮源同化试验

将酵母菌无氮合成培养基融化，取无菌试管4支，每支试管中加入已融的培养基5 mL，然后向其中2支加入供试氮源，灭菌，制成斜面。将4支斜面都接入供试菌（2支没加氮源的斜面试管作对照），置28℃恒温培养1周，观察。

每天观察各管酵母菌生长情况，如果对照试管中没长菌，而加氮的试管中长出菌，说明该菌同化此种氮源；如果加氮源的斜面生长情况与对照试管一样，则表明该酵母菌不能利用这种氮源。

6.6.2.3.4 酵母菌产酯试验

装有20 mL产酯培养基的50 mL三角瓶，向其内接入供试菌，置25~28℃培养3~5 d。用嗅觉检查酯类的生成与否，如有酯香味，该试验阳性。

6.7 核酸序列结构在微生物物种鉴定中的应用

6.7.1 16S rRNA序列分类鉴定细菌种类

6.7.1.1 实验原理

细菌的16S *rRNA*基因，在分子进化中非常保守，在一定程度上反映细菌的系统发生。所以，细菌的16S rRNA序列，经常与细菌的形态特征和生理生化特征结合，被用于微生物的鉴定及其分类地位的确定。微生物含有3个rRNA分子：23S、16S和5S，它们序列长度分别为2 900 nt、1 540 nt、120 nt。其中16S rRNA分子量适中，含有较大信息量，碱基顺序保守性强且稳定，是鉴别生物间进化关系的重要分子，也是研究生物系统进化过程的重要分子。16S rRNA的序列分析表明它在种以上微生物相关性具有很高的分辨力。

6.7.1.2 实验器材

（1）菌株：枯草芽孢杆菌（*Bacillus subtilis*）。
（2）培养基：胰蛋白胨10 g/L，酵母提取物5 g/L，NaCl 10 g/L，琼脂20 g/L，调pH为8.0，121℃灭菌20 min。

（3）主要试剂：EDTA 缓冲液、SDS、NaAc、CTAB、酚-氯仿-异戊醇（25∶24∶1）、TE 溶液、10×PCR 缓冲液、上样缓冲液（6×Loading Buffer）、Mg^{2+} 缓冲液、dNTP、DNA 分子量标准、Taq DNA 聚合酶（polymerase）、核糖核酸酶 A（RNase A）、蛋白酶 K、溶菌酶、核酸酶 P1、无水乙醇、琼脂糖、胰蛋白胨、酵母提取物、琼脂。

（4）试剂盒：UNIQ-10 柱式通用 DNA 纯化试剂盒，EZ-10 Spin Column PCR 产品纯化试剂盒。

（5）细菌 16S rDNA 引物：27F：5′-AGAGTTTGATCATGGCTCAG-3′；1492R：5′-TACGGCTACCTTGTTAC GACTT-3′。

（6）分析软件：DNASTAR7.1、MEGA4.0 和 ClustalX1.81，用于 DNA 序列的分析、同源性比较及系统发育树分析等。

（7）主要仪器：试管、三角瓶、量筒、天平、1.5 mL 微量离心管、PCR 反应管、移液枪、电热恒温水槽、涡旋振荡器、pH 计、压力蒸汽灭菌器、超净工作台、恒温调速回转式摇床、高速台式冷冻离心机、PCR 仪、制冰机、低温冰箱、琼脂糖凝胶电泳系统、凝胶扫描仪。

6.7.1.3 操作步骤

（1）菌体的获得：将枯草芽孢杆菌接种于灭过菌的培养基中，55℃、150 r/min 振荡培养 24 h，4℃、12 000 r/min 离心 10 min 收集菌体。

（2）CTAB 法抽提基因组 DNA：

1）收集好的细菌培养物移至 1.5 mL 无菌离心管中。加入 1 mL 无菌水。12 000 r/min 离心 5 min，去除上清液；加入 200 μL 无菌蒸馏水洗涤 1 次，4℃、12 000 r/min 离心 5 min，然后去除上清液。

2）加入 200 μL EDTA 缓冲液，重新悬浮细胞，混匀，4℃、12 000 r/min 离心 10 min，洗涤，去除上清液，重复一次。

3）用 200 μL EDTA 缓冲液重新悬浮细胞，加入 3 μL 溶菌酶溶液（20 mg/mL），2 μL RNase A 溶液（10 mg/mL），混匀，37℃培养 40 min。

4）加入 3 μL Proteinase K 溶液（10 mg/mL），37℃培养 60 min。

5）加入 20 μL 25%SDS 溶液，65℃温育 10 min。

6）加入 45 μL 5 mol/L NaAc 溶液和 30 μL 2% CTAB 溶液，混合均匀。

7）加入等体积的酚-氯仿-异戊醇（25∶24∶1），4℃、12 000 r/min 离心 5 min，得上清液。

8）上清液转移至新的 1.5 mL。无菌离心管中，重复 7）一次。

9）取上清液，加入 2 倍体积的无水乙醇（预冷），混匀，−20℃下静置 20～30 min，4℃、12 000 r/min 离心 5 min，轻轻去除上清液。

10）沉淀加入 1 mL 70%乙醇溶液洗涤，4℃、10 000 r/min 离心 2 min，重复一次，彻底去除上清液。室温下将沉淀物中残留的乙醇吹干，直至沉淀变成透明；加入 50 μL TE 溶液溶解，−20℃保存备用。

（3）基因组 DNA 纯化：采用通用 DNA 纯化试剂盒，UNIQ10 柱。

1）按每 100 μL DNA 溶液加 100 μL 结合缓冲液（Binding Buffer Ⅱ），混匀，放置 2 min。

2）全部转移到 UNIQ-10 柱，柱子放入 2.0 mL 收集管，室温放置 2 min 后，10 000 r/min 室温离心 30 s。

3）取下 UNIQ-10 柱，弃去离心管中的废液。将柱子放回同一根离心管中，加入 500 μL Wash Solution，10 000 r/min 室温离心 30 s。

4）重复步骤 3）一次。

5）取下 UNIQ-10 柱，弃去离心管中的全部废液。将柱子放回同一根离心管中，10 000 r/min 室温离心 30 s，以除去残留的洗涤溶液。

6）将柱子放入新的干净 1.5 mL 离心管中，在柱子中央加入 50 mL 洗脱缓冲液，室温放置 2 min，提高洗脱液的温度至 55～80℃有利于提高 DNA 的洗脱效率。

7）10 000 r/min 室温离心 1 min。收集管中的液体即为纯化的 DNA，可立即使用或在 −20℃保存备用。

（4）基因组 DNA 的检测：采用 1%的琼脂糖凝胶电泳检测基因组 DNA 的长度和纯度。

1）灌胶模具的准备：将灌胶模具、梳子清洗干净晾干，然后调平灌胶板。

2）琼脂糖胶的配制：先配制足够用于灌满电泳槽和制备凝胶所需的电泳缓冲液 1×TAE（母液为 50×TAE），然后准确称取所需琼脂糖放入锥形瓶中，加入一定量的电泳缓冲液，用称量纸包于瓶口，于微波炉中熔胶至清澈、透明的溶液状。

3）制胶：在熔好的胶中加入 EB（溴化乙啶，终浓度为 0.5 g/mL）2～3 滴，轻轻充分摇匀，待其冷却到 50～60℃时倒胶，插入梳子，凝胶厚度一般为 0.3～0.5 cm，在锥形瓶中加入部分水，置于 EB 台上。

4）凝胶：完全凝固后（于室温放置 20～30 min），在梳子齿附近加入少量电泳缓冲液，然后缓慢轻轻地向上拔掉梳子，把碎胶冲干净，将凝胶放入电泳槽中。

5）电泳前的准备：在电泳槽中加入电泳缓冲液（1×TAE），使其恰好没过胶面约 1 mm。

6）点样：加入分子标记（DNA Marker），将上样缓冲液（6×Loading Buffer）和样品以 1∶5 的比例混匀点样。

7）电泳：加好样后盖上盖子，打开电源，电压调至 85V，电泳 60 min，在溴酚蓝指示距胶末端 1/5 胶长度时停止电泳。

8）结果观察：将电泳后的凝胶放在凝胶成像系统中进行拍照观察。

（5）PCR 扩增 16S rDNA 序列：

1）扩增的反应体系（50 μL）

10×PCR 缓冲液	5 μL
$MgCl_2$（25 mmol/L）	3 μL
dNTP	1 μL
正向引物 27F	1 μL
反向引物 1492R	1 μL
DNA 模板	2 μL
Taq 酶	0.5 μL
ddH_2O	补足 50 μL

2）依照下列程序进行 PCR 扩增：

$$
\begin{array}{lll}
94\text{℃} & 5\text{ min} & \\
94\text{℃} & 1\text{ min} & \\
56\text{℃} & 1\text{ min} & \Big\} 30\text{ 个循环} \\
72\text{℃} & 2\text{ min} & \\
72\text{℃} & 10\text{ min} & \\
\end{array}
$$

3）扩增的 DNA 条带用 2% 的琼脂糖凝胶电泳检验后送样测序。所测序列用 BLAST 软件与 GenBank 和 RDP 数据库进行相似性分析，并与相关的亲近物种用 MEGA4.0 软件包中的 Neighbor-Joining 法构建系统进化树。用 p-Distance 法，重复抽样 1 000 次分析系统树各分枝的置信度。

6.7.2 ITS 序列分类鉴定真菌种类

6.7.2.1 实验原理

传统的真菌分类鉴定主要是按照真菌的形态、生长以及生理生化等特征进行分类。然而真菌的种类繁多，个体多态性明显，而且其生长、生理生化特征也会随着环境的变化而改变。因此，采用传统的方法对真菌进行分类存在较大的困难。随着分子生物学技术的发展，核酸序列分析已被广泛地应用于真菌分类鉴定，目前常用的技术包括 18S rDNA、ITS（Internal Transcribed Spacer）及 18 rDNA-ITS 序列分析技术。

真核生物核糖体 RNA（rRNA）有 5S、5.8S、17～18S（以下统称为 18S）和 25～28S（以下统称为 28S）。对于大多数真核生物来说，rRNA 基因群的一个重复单位（rDNA）包括以下区段（按 5′→3′方向）：①非转录区（Non Transcribed Sequence），简称 NTS；②外转录间隔区（External Transcribed Spacer），简称 ETS；③18S rRNA 基因，简称 18S rDNA；④内转录间隔区 1（Internal Transcribed Spacer1），简称 ITS1；⑤55.8S rRNA 基因，简称 5.8S rDNA；⑥内转录间隔区 2（Internal Transcribed Spacer2），简称 ITS2；⑦28S rRNA 基因，简称 28S rDNA。ITS1 和 ITS2 常被合称为 ITS，并且 5.8S RNA 基因也被包括在 ITS 之内。

ITS 序列分析通常通过多聚酶链式反应（PCR）技术实现，根据 rDNA 基因上高度保守区段设计通用引物（引物 ITS1 和 ITS2 用于扩增 18S rDNA 和 5.8S rDNA 之间的转录间隔区 ITS1，引物 ITS3 和 ITS4 用于扩增 5.8S rDNA 和 28S rDNA 之间的转录间隔区 ITS2），借助 PCR 技术扩增 rDNA 的目的片段。通常 ITS 的扩增产物是多种片段的混合物，可以通过克隆实现分离，然后对每一个克隆测序，也可以通过电泳分离获得所需长度的条带胶回收后直接测序。然后借助详细的序列对比，分析被试菌种与基因序列库中已知菌种的同源性。

6.7.2.2 实验器材

（1）菌株：黑曲霉（*Aspergillus niger*）。

（2）培养基：PDA 培养基，称取土豆（去皮）200 g，切碎放入水中煮 30 min，纱布过滤，在所得的土豆汁中加入葡萄糖（或蔗糖）20 g，再加水至 1 000 mL，pH 自然。121℃灭菌 20 min。

（3）主要试剂：液氮，TE 缓冲液（pH 7.5），石蜡油，10%SDS，苯酚，氯仿，异戊醇，异丙醇，NaOH 溶液，PBS 缓冲液，*Tris*-硼酸-EDTA 缓冲液（TBE 缓冲液），琼脂糖，0.05%溴酚蓝-50%甘油溶液（5×Loading Buffer），0.5 μg/mL 溴化乙啶染色液等。分子标记（DL 2 000 DNA marker）、Taq polymerase、RNase。

（4）试剂盒：真菌 DNA 基因组提取试剂盒、PCR 扩增试剂盒、小量琼脂糖胶回收试剂盒。

（5）真菌 rDNA-ITS 引物：ITS1：5'-TCCGTAGGTGAACCTGCGG-3'；ITS2：5'-GCTGCGTTCTTCATCGATGC-3'；ITS3：5'-GCATCGATGAAGAACGCAGC-3'；ITS4：5'-TCCTCCGCTTATTGATATGC-3'。

（6）分析软件：DNASTAR7.1、MEGA4.0 和 ClustalX1.81，用于 DNA 序列的分析、同源性比较及系统发育树分析等。

（7）主要仪器：PCR 扩增仪、微量移液器、水浴锅、低温离心机、电泳仪、电泳槽、凝胶成像系统、超低温冰箱、超纯水生成器、紫外分光光度计等。

6.7.2.3 操作步骤

6.7.2.3.1 曲霉菌丝体的培养和收集

将菌种接种到 PDA 培养基上，培养 3 d 后从菌落的边缘取菌丝块，转接到 10 mL PS 液体培养基（马铃薯 200 g、蔗糖 20 g、蒸馏水 1 000 mL）中，于 28℃、150 r/min 摇床振荡培养 6 d，离心或 4 层纱布过滤后收集菌丝体，用灭菌的生理盐水洗 2 次，再用灭菌的吸水纸吸干水分，−20℃冰箱保存备用。

6.7.2.3.2 基因组 DNA 的提取

取备用菌丝体加适量 ddH$_2$O 充分研磨破碎，用真菌核酸提取试剂盒进行 DNA 提取。

（1）取 0.2~0.5 g 菌丝体，在液氮中充分研磨，转入 2 mL 离心管，每管加 500 μL 预热的 DNA 提取缓冲液（1 g/100 mLCTAB，1.4 mol/L NaCl，80 mmol/L Tris-HCl，pH 8.0，20 mmol/L EDTA pH 8.0），65℃保温 30 min，其间摇动 2~3 次。

（2）加 500 μL 氯仿-异戊醇（24：1，体积比），振荡混匀，10 000 r/min 离心 10 min。

（3）取上清液，加 2 倍体积预冷无水乙醇，−20℃静置 60 min，10 000 r/min 离心 10 min。

（4）沉淀用 75%的乙醇洗涤两次，室温风干。

（5）沉淀溶于 200 μL TE（pH 7.6），RNase（DNase-free）至 200 mg/L，37℃处理 60 min。

（6）加 200 μL 酚-氯仿-异戊醇（25：24：1，体积比），振荡混匀，10 000 r/min 离心 10 min。

（7）取上清液，加 200 μL 氯仿-异戊醇（24：1，体积比），10 000 r/min 离心 10 min。

（8）取上清液，加 1/10 体积 3 mol/L NaAc、2×体积预冷无水乙醇，混匀，−20℃静置 60 min，10 000 r/min 离心 10 min。

（9）75%乙醇洗涤两次，室温风干，溶于 50 mL 灭菌双蒸水。–20℃保存备用。

6.7.2.3.3　DNA 纯度和含量的测定

取一定量的 DNA 提取液进行一定倍数的稀释后，在 260 nm、280 nm 和 320 nm 下分别测定 OD 值，以（OD_{260}–OD_{320}）/（OD_{280}–OD_{320}）计算核酸纯度，自然界核酸纯度范围为 1.6～2.0，一般以 1.8±0.2 为宜；核酸浓度（ng/μL）≈50×（OD_{260}–OD_{320}）/L×D（L 为光径长度，cm；D 为稀释倍数），根据结果将核酸浓度稀释至适合的 PCR 用模板浓度 100～300 ng/uL。

6.7.2.3.4　rDNA-ITS 扩增

（1）扩增的反应体系（50 μL）：

PCR 缓冲液（10×，Mg^{2+} free）	5 μL
$MgCl_2$（25 mmol/L）	4 μL
dNTP（2.5 mmol/L each）	4 μL
Primer-F（20 μmol/L），using ITS1	0.5 μL
Primer-R（20 μmol/L），using ITS4	0.5 μL
Taq DNA polymerase（5 U/μL）	0.25 μL
DNA template（100～300 ng/μL）	2 μL
ddH_2O	补足 50 μL

（2）依照下列程序进行 PCR 扩增：

94℃	5 min
94℃	30 s ⎫
59℃	30 s ⎬ 35 个循环
72℃	60 s ⎭
72℃	10 min

（3）反应完毕后取 5 mL 用 1%琼脂糖凝胶电泳检测。

6.7.2.3.5　PCR 产物的纯化

采用小量 DNA 片段快速胶回收试剂盒进行 PCR 产物的纯化，具体操作步骤如下：

（1）用灭菌的刀片割下含目的条带的琼脂块，放入 1.5 mL 灭菌离心管中。

（2）加入溶胶液（100 μL 胶块加 300 μL 溶胶液），室温溶胶（或 55℃溶胶），其间偶尔摇动；加入异丙醇（100 μL 胶块加 150 mL 异丙醇），混匀；将溶解液装柱，12 000 r/min 离心 30 s；弃废液。

（3）加入 500 μL 漂洗液漂洗，12 000 r/min 离心 30 s，重复漂洗一次。倒掉柱下面的废液以后，再于 12 000 r/min 离心 2 min。

（4）在柱子中加入合适体积的洗脱缓冲液（通常用 30～50 μL），12 000 r/min 离心 3～5 min 洗脱。

（5）取 2 μL 回收样品进行琼脂糖凝胶电泳，以检测回收结果，最终的回收样品置 −20℃冻存。

6.7.2.3.6　rDNA-ITS 测序与分析

经纯化的 PCR 产物送上海生物工程技术服务有限公司进行测序。将测得的序列提交美国 NCBI 的 GenBank 获取对比指标靠前的 20 个相似序列，通过 BLAST 工具和 DNAMAN 软件进行比对分析，并以 Neighbor-Joining 方法构建系统发育树。

6.8　微生物种类的自动化鉴定

在常规分离培养实验室中，使用视觉特征选择性菌落挑选通常是定性的，没有标准化，结果在不同的实验和实验者之间可能有很大的不同。为了解决这些缺点，设计了一个被称为自动微生物组成像和分离培养学（CAMII）的平台，将培养学与形态学和基因型数据系统化，用于菌落分离和功能分析（图 6-2）。

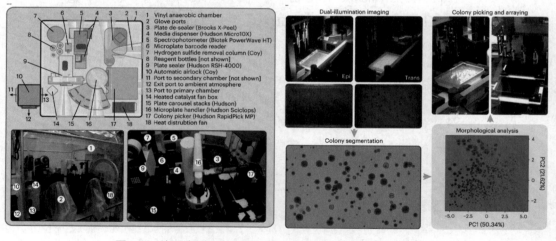

图 6-2　使用表型和形态学特征的数据驱动的微生物分离策略

CAMII 平台由 4 个关键因素组成：收集菌落形态数据的成像系统和人工智能指导的菌落选择算法；用于高通量分离和排列分离物的自动菌落采摘机器人；为采集的分离株快速生成基因组数据的低成本管道；具有可搜索菌落形态、表型和基因型信息的物理分离株生物库和数字数据库。

这个端到端的培养学平台可以用最小的手工劳动从不同的输入微生物组中产生分离物集合。整个成像和分离系统是使用现成的组件建立的，安置在一个厌氧室中，对温度、湿度和氧气水平进行实时控制。CAMII 机器人的隔离能力为每小时 2 000 个菌落，每次可处理 12 000 个菌落，这比人手动隔离菌落的能力强 20 倍以上，速度也快。为了确保基因组分析能力与机器人的分离吞吐量相匹配，还开发了一个低成本、高吞吐量的测序管道，利用液体处理自动化生成条形码文库，用于 16S rRNA 测序或全基因组测序（WGS）。在这个管道中，每个分离物的成本是 0.45 美元用于菌落分离和基因组 DNA（gDNA）制备，0.46 美元用于 16S rRNA 测序，6.37 美元用于在 Illumina HiSeq 平台上覆盖率大于 60 倍的 WGS，这比商业服务便宜很多。

　　CAMII 平台的一个关键的独特功能是收集细菌菌落的形态学数据并从中学习的成像系统。具体来说，透光图像（显示菌落的高度、半径和圆度）和外照射图像（显示颜色和复杂的形态学特征）在 CAMII 上被捕获，产生一个多维和可量化的形态学数据集。开发了一个定制的菌落分析管道，沿着不同的形态特征对菌落进行分割。面积、周长和平均半径反映了菌落的大小，而圆度、凸度和惯性显示了菌落的形状。红、绿、蓝（RGB）通道的像素强度及其变异突出了整个菌落的任何密度梯度和颜色。接下来推断，形态不同的菌落更有可能是系统发育上的多样性，这可以用来改善菌落的隔离。

第 7 章　农田土壤养分测定实验

7.1　农田土壤有机质测定实验（重铬酸钾-热容量法）

土壤有机质是土壤中各种营养，特别是氮、磷的重要来源。它还含有刺激植物生长的胡敏酸等物质。它具有胶体属性，能吸附较多阳离子，因而使土壤具有保肥和缓冲性。一般来说，土壤有机质含量是土壤肥力高低的一个重要指标。同时，土壤有机质也是土壤微生物必不可少的碳源和氮源。测定土壤有机质的方法很多，本章用重铬酸钾-热容量法。

7.1.1　方法原理

在 170～180℃条件下，用过量的标准重铬酸钾的硫酸溶液氧化土壤有机质（碳），剩余的重铬酸钾以硫酸亚铁溶液滴定，从所消耗的重铬酸钾量计算有机质含量。测定过程的化学反应式如下：

$$2K_2Cr_2O_7 + 8H_2SO_4 + 3C \longrightarrow 2K_2SO_4 + 2Cr(SO_4)_3 + 3CO_2 + 8H_2O$$

$$2K_2Cr_2O_7 + 6FeSO_4 \longrightarrow K_2SO_4 + Cr(SO_4)_3 + 3Fe_2(SO_4)_3 + 7H_2O$$

7.1.2　主要仪器

分析天平（0.000 1 g）、硬质试管、长条蜡光纸、油浴锅、铁丝笼（消煮时插试管用）、温度计（0～360℃）、滴定管（25 mL）、吸管（10 mL）、三角瓶（250 mL）、小漏斗、量筒（100 mL）、角匙、滴定台、吸水纸、滴瓶（50 mL）、试管夹、吸耳球、试剂瓶（500 mL）。

7.1.3　试剂配制

（1）0.136 mol/L $K_2Cr_2O_7$-H_2SO_4 的标准溶液：准确称取分析纯重铬酸钾（$K_2Cr_2O_7$）40 g 溶于 500 mL 蒸馏水中，冷却后稀释至 1 L，然后缓慢加入比重为 1.84 的浓硫酸（H_2SO_4）1 000 mL，并不断搅拌，每加入 200 mL 时，应放置 10～20 min 使溶液冷却后，再加入第二份浓硫酸（H_2SO_4）。加酸完毕，待冷却后存于试剂瓶中备用。

（2）0.2 mol/L $FeSO_4$ 标准溶液：准确称取分析纯硫酸亚铁（$FeSO_4 \cdot 7H_2O$）56 g 或硫酸亚铁铵 $[Fe(NH_4)_2(SO_4)_2 \cdot 6H_2O]$ 80 g，溶解于蒸馏水中，加 3 mol/L 的硫酸（H_2SO_4）60 mL，然后加水稀释至 1 L，此溶液的标准浓度，可以用 0.016 7 mol/L 重铬酸钾（$K_2Cr_2O_7$）标准溶液标定。

（3）邻菲啰啉指示剂：称取分析纯邻菲啰啉 1.485 g，化学纯硫酸亚铁（$FeSO_4 \cdot 7H_2O$）0.695 g，溶于 100 mL 蒸馏水中，贮于棕色滴瓶中（此指示剂以临用时配制为好）。

7.1.4 操作步骤

(1) 在分析天平上准确称取通过 60 目筛子（<0.25 mm）的土壤样品 0.1~0.5 g（精确到 0.000 1 g），用长条蜡光纸把称取的样品全部倒入干的硬质试管中，用移液管缓缓准确加入 0.136 mol/L 重铬酸钾-硫酸（$K_2Cr_2O_7$-H_2SO_4）溶液 10 mL（在加入约 3 mL 时，摇动试管，以使土壤分散），然后在试管口加一小漏斗。

(2) 预先将液体石蜡油或植物油浴锅加热至 185~190℃，将试管放入铁丝笼中，然后将铁丝笼放入油浴锅中加热，放入后温度应控制在 170~180℃，待试管中液体沸腾发生气泡时开始计时，煮沸 5 min，取出试管，稍冷，擦净试管外部油液。

(3) 冷却后，将试管内容物小心仔细地全部洗入 250 mL 的三角瓶中，使瓶内总体积在 60~70 mL，保持其中硫酸浓度为 1~1.5 mol/L，此时溶液的颜色应为橙黄色或淡黄色。然后加邻菲啰啉指示剂 3~4 滴，用 0.2 mol/L 的标准硫酸亚铁（$FeSO_4$）溶液滴定，溶液由黄色经过绿色、淡绿色突变为棕红色即为终点。

(4) 在测定样品的同时必须做两个空白试验，取其平均值。可用石英砂代替样品，其他过程同上。

7.1.5 结果计算

在本反应中，有机质氧化率平均为 90%，所以氧化校正常数为 100/90，即为 1.1。有机质中碳的含量为 58%，故 58 g 碳约等于 100 g 有机质，1 g 碳约等于 1.724 g 有机质。由前面的两个反应式可知：1 mol 的 $K_2Cr_2O_7$ 可氧化 3/2 mol 的 C，滴定 1 mol 的 $K_2Cr_2O_7$ 可消耗 6 mol 的 $FeSO_4$，则消耗 1 mol 的 $FeSO_4$ 即氧化了 3/2×1/6C=1/4C=3。

计算公式为

$$\text{有机质含量}(g/kg) = [(V_0-V) \times N \times 0.003 \times 1.724 \times 1.1]/m \times 1\,000$$

式中，V_0——滴定空白液时所用去的硫酸亚铁体积，mL；

V——滴定样品液时所用去的硫酸亚铁体积，mL；

N——标准硫酸亚铁的浓度，mol/L；

m——土壤样品重量，g。

7.1.6 注意事项

(1) 根据样品有机质含量决定称样量。有机质含量在大于 50 g/kg 的土样称 0.1 g，20~40 g/kg 的称 0.3 g，少于 20 g/kg 的可称 0.5 g 以上。

(2) 消化煮沸时，必须严格控制时间和温度。

(3) 最好用液体石蜡或磷酸浴代替植物油，以保证结果准确。磷酸浴需用玻璃容器。

(4) 对含有氯化物的样品，可加少量硫酸银除去其影响。对于石灰性土样，须慢慢加入浓硫酸，以防由于碳酸钙的分解而引起剧烈发泡。对水稻土和长期渍水的土壤，必须预先磨细，在通风干燥处摊成薄层，风干 10 d 左右。

(5) 一般滴定时消耗硫酸亚铁量不小于空白用量的 1/3，否则，氧化不完全，应弃去重做。消煮后溶液以绿色为主，说明重铬酸钾用量不足，应减少样品量重做。

7.2 农田土壤全氮测定实验（重铬酸钾-硫酸消化法+半微量开氏蒸馏法）

土壤含氮量及氮的存在状态，常与作物的产量在某一条件下有一定的正相关，从目前我国土壤肥力状况看，80%左右的土壤都缺乏氮素。因此，了解土壤全氮量，可作为施肥的参考，以便指导施肥达到增产效果。

7.2.1 方法原理

土壤与浓硫酸及还原性催化剂共同加热，使有机氮转化成氨，并与硫酸结合成硫酸铵；无机的铵态氮转化成硫酸铵；极微量的硝态氮在加热过程中逸出损失；有机质氧化成 CO_2。样品消化后，再用浓碱蒸馏，使硫酸铵转化成氨逸出，并被硼酸所吸收，最后用标准酸滴定。主要反应可用下列方程式表示：

$$NH_2 \cdot CH_2CO \cdot NH\text{-}CH_2COOH + H_2SO_4 = 2NH_2\text{-}CH_2COOH + SO_2 + [O]$$

$$NH_2\text{-}CH_2COOH + 3H_2SO_4 = NH_3 + 2CO_2\uparrow + 3SO_2\uparrow + 4H_2O$$

$$2NH_2\text{-}CH_2COOH + 2K_2Cr_2O_7 + 9H_2SO_4 = (NH_4)_2SO_4 + 2K_2SO_4 + 2Cr_2(SO_4)_3 + 4CO_2\uparrow + 10H_2O$$

$$(NH_4)_2SO_4 + 2NaOH = Na_2SO_4 + 2H_2O + 2NH_3\uparrow$$

$$NH_3 + H_3BO_3 = H_3BO_3 \cdot NH_3$$

$$H_3BO_3 \cdot NH_3 + HCl = H_3BO_3 + NH_4Cl$$

7.2.2 主要仪器

凯氏瓶（150 mL）、弯颈小漏斗、分析天平、电炉、普通定氮蒸馏装置。

7.2.3 试剂配制

（1）浓硫酸（化学纯，ρ=1.84）。

（2）饱和重铬酸钾溶液：称取 200 g（化学纯）重铬酸钾溶于 1 000 mL 热蒸馏水中。

（3）40%氢氧化钠（NaOH）溶液：称取工业用氢氧化钠（NaOH）400 g，加水溶解不断搅拌，再稀释定容至 1 000 mL 贮于塑料瓶中。

（4）2%硼酸溶液：称取 20 g 硼酸加入热蒸馏水（60℃）溶解，冷却后稀释定容至 1 000 mL，最后用稀盐酸（HCl）或稀氢氧化钠（NaOH）调节 pH 至 4.5（定氮混合指示剂显葡萄酒红色）。

（5）定氮混合指示剂：称取 0.1 g 甲基红和 0.5 g 溴甲酚绿指示剂放入玛瑙研钵中，加入 100 mL 95%酒精研磨溶解，此液应用稀盐酸（HCl）或氢氧化钠（NaOH）调节 pH 至 4.5。

（6）0.02 mol/L 盐酸标准溶液：取浓盐酸（HCl）（ρ=1.19）1.67 mL，用蒸馏水稀释定容至 1 000 mL，然后用标准碱液或硼砂标定。

(7) 纳氏试剂（定性检查用）：称氢氧化钾（KOH）134 g 溶于 460 mL 蒸馏水中；称取碘化钾（KI）20 g 溶于 50 mL 蒸馏水中，加碘化汞（HgI）使溶液至饱和状态（32 g 左右）。然后将以上两种溶液混合即成。

7.2.4 操作步骤

（1）在分析天平上称取通过 60 号筛（孔径为 0.25 mm）的风干土壤样品 0.5～1 g（精确到 0.001 g），然后放入 150 mL 凯氏瓶（消化管）中。

（2）加浓硫酸（H_2SO_4）5 mL，并在瓶口加一只弯颈小漏斗，然后放在调温电炉（消化炉）上高温消煮 15 min 左右，使硫酸大量冒烟，当看不到黑色炭粒存在时即可。

（3）待冷却后，加 5 mL 饱和重铬酸钾溶液，在电炉上微沸 5 min，这时切勿使硫酸发烟。

（4）消化结束后，在凯氏瓶中加蒸馏水或不含氮的自来水 70 mL，摇匀后接在蒸馏装置上，再用筒形漏斗通过 Y 形管缓缓加入 40%氢氧化钠（NaOH）25 mL。

（5）将三角瓶接在冷凝管的下端，并使冷凝管浸在三角瓶的液面下，三角瓶内盛有 25 mL 2%硼酸吸收液和定氮混合指示剂 1 滴。

（6）将仪器的螺丝夹打开（蒸汽发生器内的水要预先加热至沸），通入蒸汽，并打开电炉和通自来水冷凝。

（7）蒸馏 20 min 后，检查蒸馏是否完全。检查方法：取出三角瓶，在冷凝管下端取 1 滴蒸出液于白色瓷板上，加纳氏试剂 1 滴，如无黄色出现，即表示蒸馏完全，否则应继续蒸馏，直到蒸馏完全为止（或用红色石蕊试纸检验）。

（8）蒸馏完全后，降低三角瓶的位置，使冷凝管的下端离开液面，用少量蒸馏水冲洗冷凝的管的下端洗入三角瓶中，然后用 0.02 mol/L 盐酸（HCl）标准液滴定，溶液由蓝色变为酒红色时即为终点。记下消耗标准盐酸的毫升数。

测定时同时要做空白试验，除不加试样外，其他操作相同。

7.2.5 结果计算

$$全氮含量（\%）=[(V-V_0)\times N\times 0.014]/m\times 100$$

式中，V——滴定时消耗标准盐酸的体积，mL；
　　　V_0——滴定空白时消耗标准盐酸的体积，mL；
　　　N——标准盐酸的摩尔浓度，mol/L；
　　　0.014——氮原子的毫摩尔质量，g/mmol；
　　　m——土壤样品重量，g；
　　　100——换算成百分数。

7.2.6 注意事项

（1）在使用蒸馏装置前，要先空蒸 5 min 左右，把蒸汽发生器及蒸馏系统中可能存在的含氮杂质去除干净，并用纳氏试剂检查。

（2）样品经浓硫酸消煮后须充分冷却，然后再加饱和重铬酸钾溶液，否则作用非常激烈，易使样品溅出。加入重铬酸钾后，如果溶液出现绿色，或消化 1~2 min 后即变绿色，这说明重铬酸钾量不足，在这种情况下，可补加 1 g 固体重铬酸钾（$K_2Cr_2O_7$），然后继续消化。

（3）若蒸馏产生倒吸现象，可再补加硼酸吸收液，仍可继续蒸馏。

（4）在蒸馏过程中必须冷凝充分，否则会使吸收液发热，使氨因受热而挥发，影响测定结果。

（5）蒸馏时不要使凯氏瓶内温度太低，使蒸气充足，否则易出现倒吸现象。另外，在实验结束时要先取下三角瓶，然后停止加热，或降低三角瓶使冷凝管下端离开液面。

7.3 农田土壤铵态氮测定实验（2 mol/L KCl 浸提-蒸馏法）

自然界氮元素的一种存在形态，以铵根离子（NH_4^+）的形态存在和流通于土壤、植物、肥料和大气中，可以通过硝化作用而转化为硝态氮。土壤中的铵态氮（NH_4^+-N）可被土壤胶体吸附，其溶解度大，能够被植物快速吸收，属于速效性氮素。通常土壤中 NH_4^+-N 的含量为 1.4~30 mg/kg，在东北黑土中可达 50 mg/kg 以上。但由于铵根离子具有酸性，因此会与碱性土壤中和导致氮元素挥发。土壤 NH_4^+-N 测定主要分蒸馏法和浸提后测定两类方法。直接蒸馏可能使结果偏高，故目前都是用中性盐（K_2SO_4、KCl、NaCl）浸提，一般多采用 2 mol/L KCl 溶液浸出土壤中的 NH_4^+。浸出液中的 NH_4^+，可选用蒸馏、比色或氨电极等方法测定。

7.3.1 方法原理

用 2 mol/L KCl 浸提土壤，把吸附在土壤胶体上的 NH_4^+ 及水溶性 NH_4^+ 浸提出来。取一份浸出液在半微量定氮蒸馏器中加 MgO（MgO 是弱碱，有防止浸出液中酰胺有机氮水解的可能）蒸馏。蒸出的氨以 H_3BO_3 吸收，用标准酸溶液滴定，计算土壤中的 NH_4^+-N 含量。

7.3.2 主要仪器

振荡器、半微量定氮蒸馏器、半微量滴定管（5 mL）。

7.3.3 试剂配制

（1）20 g/L 硼酸指示剂：20 g H_3BO_3（化学纯）溶于 1 L 水中，每升 H_3BO_3 溶液中加入甲基红-溴甲酚绿混合指示剂 5 mL，并用稀酸或稀碱调节至微紫红色，此时该溶液的 pH 为 4.8。指示剂用前与硼酸混合。此试剂宜现配，不宜久放。

（2）0.005 mol/L 1/2 H_2SO_4 标准液：量取 H_2SO_4（化学纯）2.83 mL，加蒸馏水稀释至 5 000 mL，然后用标准碱或硼酸标定之，此为 0.020 0 mol/L H_2SO_4 标准溶液，再将此标准液准确地稀释 4 倍，即得 0.005 mol/L 1/2 H_2SO_4 标准液。

（3）2 mol/L KCl 溶液：称 KCl（化学纯）149.01 g 溶解于 1 L 水中。

（4）120 g/L MgO 悬浊液：称取 MgO 12 g，经 500~600℃灼烧 2 h，冷却，放入 100 mL

水中摇匀。

7.3.4 操作步骤

取新鲜土样 10.0 g，放入 100 mL 三角瓶中，加入 2 mol/L KCl 溶液 50 mL。用橡皮塞塞紧，振荡 30 min，立即过滤于 50 mL 三角瓶中（如果土壤 NH_4^+-N 含量低，可将液土比改为 2.5：1）。吸取滤液 25 mL（含 NH_4^+-N 25 μg 以上）放入半微量定氮蒸馏器中，用少量水冲洗，先把盛有 5 mL 20 g/L 硼酸溶液的三角瓶放在冷凝管下，然后再加 10 mL 120 g/L MgO 悬浊液于蒸馏室蒸馏，待蒸出液达 3～40 mL 时（约 10 min）停止蒸馏，用少量水冲洗冷凝管，取下三角瓶，用 0.005 mol/L 1/2 H_2SO_4 标准液滴至紫红色为终点，同时做空白试验。

7.3.5 结果计算

$$NH_4^+\text{-N 含量（mg/kg）} = \frac{c \times (V - V_0) \times 14.0 \times \text{ts}}{m} \times 10^3$$

式中，c——0.005 mol/L 1/2 H_2SO_4 标准液浓度；

V——样品滴定硫酸标准液体积，mL；

V_0——空白滴定硫酸标准液体积，mL；

14.0——氮的原子摩尔质量；

ts——分取倍数；

m——烘干样品质量，g；

10^3——换算系数。

7.4 农田土壤硝态氮测定实验（酚二磺酸比色法）

硝态氮和亚硝态氮在土壤中一般含量很少（但一些干旱地区除外），它们是植物能吸收利用的速效性氮，也有人把土壤硝态氮含量水平作为衡量土壤速效氮水平的指标之一。土壤中硝态氮的含量主要受土壤环境（水热条件、微生物活性）季节的变化和植物不同生育阶段而有显著的差异。此外，硝态氮不易被土壤吸附而易遭淋失，所以雨量多的季节及作物生长盛期含量低，干旱季节及作物收获后含量较高。此外，硝态氮与土壤通气状况也有密切的关系，通气好的土壤，速效氨多以 NO_3^- 的形态存在，反之则以 NH_4^+ 为主。测定 NO_3^- 有许多方法，如酚二磺酸比色法等。

7.4.1 方法原理

酚二磺酸在硫酸存在的情况下和硝酸根作用生成三硝基酚，然后在碱性条件下生成可溶性的黄色碱式盐（络合物）。其反应如下：

$$C_6H_3OH(HSO_3)_2 + 3HNO_3 \longrightarrow C_6H_2OH(NO_2)_3 + 2H_2SO_4 + H_2O$$

（酚二磺酸） （三硝基酚）

$$C_6H_2OH(NO_2)_3 + NH_4OH \longrightarrow C_6H_2(NO_2)_3ONH_4 + H_2O$$
（黄色络合物）

溶液黄色的深浅与硝酸根（硝态氮）含量在一定范围内呈正相关。可在分光光度计以410 nm 波长进行比色测定。酚二磺酸法的灵敏度很高。可测出溶液中 0.1 mg/L 的 NO_3^--N，测定范围为 0.1~2 mg/L。

7.4.2 主要仪器

恒温水浴锅、分光光度计、瓷蒸发皿、玻璃棒、100 mL 容量瓶。

7.4.3 试剂配制

（1）酚二磺酸：称取分析纯石碳酸（酚）25 g，于 500 mL 三角瓶中，用 150 mL 浓硫酸溶解，再加入 75 mL 发烟硫酸，经沸水浴加热 2 h，可得酚二磺酸溶液，储于棕色瓶中。该溶液使用时须注意其强烈的腐蚀性。如无发烟硫酸，可用 25 g 酚加 225 mL 浓硫酸，在沸水溶中加热 6 h 配成。

（2）1∶1 氢氧化铵（分析纯）。

（3）分析纯硫酸钙。

（4）分析纯碳酸钙。

（5）活性炭（不含 NO_3^-）。

（6）标准硝酸盐溶液：准确称取分析纯 KNO_3 0.722 1 g 溶于水中，定容到 1 000 mL。溶液含 NO_3^--N 为 100 μg/mL。取此液 50 mL，稀释成 500 mL，含 NO_3^--N 为 10 μg/mL。

（7）标准曲线制备：吸取 10 μg/mL NO_3^--N 标准溶液 1.0 mL、2.0 mL、4.0 mL、7.0 mL、10.0 mL、15.0 mL 分别放入 8 cm 的瓷蒸发皿中。各加入 $CaCO_3$ 0.05 g，置于水浴上蒸干，按待测液步骤显色。分别在 100 mL 容量瓶中定容。其 NO_3^--N 标准系列的浓度为 0.1 μg/mL、0.2 μg/mL、0.4 μg/mL、0.7 μg/mL、1.0 μg/mL、1.5 μg/mL。取出部分溶液在分光光度计上比色，并制成标准曲线。

7.4.4 操作步骤

（1）称取风干土 5 g 于 500 mL 三角瓶中，加入固体（粉末）$CaSO_4$ 0.5 g 及纯水 250 mL，振荡 10 min，放置 5 min，将上部清液过滤于另一容器中。如果滤液因含有机质而有色，则可用活性炭除去。

（2）吸取清澈滤液 25 mL（如果土壤 NO_3^--N 含量超过 20 mg/kg，则吸取 10 mL）于 8 cm 直径的瓷蒸发皿中，另加入固体（粉末）$CaSO_4$ 0.05 g，在沸水浴上蒸发至干。放置冷却后，迅速加入酚二磺酸试剂 2 mL，将皿旋转，使试剂完全和残渣接触，作用 10 min 后，沿蒸发皿边缘缓缓加入纯水 10 mL（注意：会大量发热），用玻璃棒搅拌，使全部残渣溶解。待蒸发皿冷却后，缓缓加入 1∶1 氢氧化铵溶液，边加边旋转蒸发皿，直至溶液显示黄色后，再加氢氧化铵溶液 3 mL，然后移入 100 mL 容量瓶中，用水定容。取出一部分溶液在分光光度计上 410 nm 波长比色，读数，在标准曲线上查得比色液中 NO_3^--N 含量，同时测定空白。

7.4.5 结果计算

$$\text{NO}_3^- \text{-N}\,(\mu g/mL) = (\text{测得 NO}_3^- \text{-N} - \text{空白值}) \times \frac{100}{25} \times \frac{250}{\text{风干土样质量}}$$

注：测得 NO_3^--N 含量和空白值单位均为 μg/mL；风干土样质量单位为 g。

7.4.6 注意事项

（1）用酚二磺酸法测定硝态氮，首先要求浸提液清澈，不能混浊。但是一般中性和碱性土壤滤液不易澄清，且带有有机质的颜色，为此应该在浸提液中加入凝聚剂，如 CaO、$Ca(OH)_2$、$CaCO_3$ 等。

（2）如果土壤浸提液由于有机质而有较深的颜色，应该用活性炭除去，而不该用 H_2O_2，以防最后显色时异常。

（3）土壤中的亚硝酸根和氯离子是酚二磺酸法的主要干扰离子。亚硝酸和酚二磺酸产生同样的黄色化合物。氯离子加酸后会生成亚硝酰氯化合物或其他氯气体。

检测亚硝酸根的方法：可取待测液 5 滴于白瓷板上，加入亚硝酸试粉 0.1 g，用玻璃棒搅拌后，放置 10 min，如有红色出现，即有 1 mg/L 亚硝酸根存在，如果红色极浅或者无色。可省去破坏亚硝酸根离子步骤。

检测氯离子的方法：每 100 mL 浸出液加入 Ag_2SO_4 0.1 g（0.1 g Ag_2SO_4 可沉淀 22.72 mg 的氯），摇动 15 min，然后加入 $Ca(OH)_2$ 0.2 g 和 $MgCO_3$ 0.5 g，以沉淀过量的 Ag，摇动 5 min 后过滤。

7.5 农田土壤全磷测定实验（硫酸-高氯酸消煮+钼锑抗比色法）

土壤中全磷含量在 0.3～1.0 g/kg，高的可达 2.0 g/kg 左右，低的甚至仅为 0.1 g/kg，因母质类型和来源、土壤发育程度、有机质含量和土壤熟化度而异；其中母质类型对土壤含磷的高低影响最为突出。强酸性土壤往往也伴随着磷的极度缺乏。但有一些土壤，虽呈中性或微碱性反应（碳酸盐反应强），实际土壤含磷也极少，其原因是这些土壤母质的先天风化度极深，成土后存在"复钙化作用"而表现石灰反应。土壤有机质中含有丰富的磷，因此含有机质多的土壤含磷量也较高。我国土壤磷含量的变化趋势是：由南到北、由东到西有增高的趋势。如华南地区的酸性黄、红壤，全磷含量可低至 0.4 g/kg，而新疆的栗钙土、东北的黑钙土，全磷含量可达 2 g/kg 以上。

对土壤磷素情况进行分析，可以从土壤肥力的角度了解土壤磷的贮量和供给状况，为施肥提供指导；为研究磷在土壤中的吸附、固定、迁移、转化提供定量数据；磷作为生态环境（特别是水环境）中的一个重要元素，其溶解、固定、迁移和富集的过程，都是以土壤作为主要介质，因此，土壤磷的测定可以为研究磷的面源污染提供定量基础。

7.5.1 方法原理

在高温条件下，土壤中含磷矿物及有机磷化合物与高沸点的硫酸和强氧化剂高氯酸作用，使之完全分解，全部转化为正磷酸盐而进入溶液，然后用钼锑抗比色法测定。

7.5.2 主要仪器

分析天平、小漏斗、大漏斗、三角瓶（50 mL 和 100 mL）、容量瓶（50 mL 和 100 mL）、移液管（5 mL 和 10 mL）、电炉、分光光度计。

7.5.3 试剂配制

（1）0.5 mol/L 碳酸氢钠浸提液：称取化学纯碳酸氢钠 42.0 g 溶于 800 mL 水中，以 0.5 mol/L NaOH 调节 pH 至 8.5，洗入 1 000 mL 容量瓶中，定容至刻度，贮存于试剂瓶中。此溶液贮存于塑料瓶中比在玻璃瓶中容易保存，若贮存超过 1 个月，应检查 pH 是否改变。

（2）无磷活性炭：活性炭常常含有磷，应做空白试验，检查有无磷存在。如含磷较多，须先用 2 mol/L HCl 浸泡过夜，用蒸馏水冲洗多次后，再用 0.5 mol/L 碳酸氢钠浸泡过夜，在平瓷漏斗上抽气过滤，每次用少量蒸馏水淋洗多次，并检查到无磷为止。如含磷较少，则直接用碳酸氢钠处理即可。

（3）磷（P）标准溶液：准确称取 45℃烘干 4~8 h 的分析纯磷酸二氢钾 0.219 7 g 于小烧杯中，以少量水溶解，将溶液全部洗入 1 000 mL 容量瓶中，用水定容至刻度，充分摇匀，此溶液即为含 50 mg/L 的磷基准溶液。吸取 50 mL 此溶液稀释至 500 mL，即为 5 mg/L 的磷标准溶液（此溶液不能长期保存）。比色时按标准曲线系列配制。

（4）硫酸钼锑贮存液：取蒸馏水约 400 mL，放入 1 000 mL 烧杯中，将烧杯浸在冷水中，然后缓缓注入分析纯浓硫酸 208.3 mL，并不断搅拌，冷却至室温。另称取分析纯钼酸铵 20 g 溶于约 60℃的 200 mL 蒸馏水中，冷却。然后将硫酸溶液徐徐倒入钼酸铵溶液中，不断搅拌，再加入 100 mL 0.5%酒石酸锑钾溶液，用蒸馏水稀释至 1 000 mL，摇匀贮于试剂瓶中。

（5）二硝基酚：称取 0.25 g 二硝基酚溶于 100 mL 蒸馏水中。

（6）钼锑抗混合色剂：在 100 mL 钼锑贮存液中，加入 1.5 g 左旋（旋光度+21°~+22°）抗坏血酸，此试剂有效期 24 h，宜用前配制。

7.5.4 操作步骤

（1）在分析天平上准确称取通过 100 目筛（孔径为 0.25 mm）的土壤样品 1 g（精确到 0.000 1 g）置于 50 mL 消化管中，以少量水湿润，并加入浓 H_2SO_4 8 mL，摇动后（最好放置过夜）再加入 70%~72%的高氯酸（$HClO_4$）10 滴摇匀。

（2）于瓶口上放一小漏斗，置于消化炉上加热消煮至瓶内溶液开始转白后，继续消煮 20 min，全部消煮时间为 45~60 min。

（3）将冷却后的消煮液用水小心地洗入 100 mL 容量瓶中，冲洗时用水应少量多次。轻轻摇动容量瓶，待完全冷却后，用水定容，用干燥漏斗和无磷滤纸将溶液滤入干燥的 100 mL 三角瓶中。同时做空白试验。

（4）吸取滤液 2~10 mL 于 50 mL 容量瓶中，用水稀释至 30 mL，加二硝基酚指示剂 2 滴，用稀氢氧化钠（NaOH）溶液或稀硫酸（H_2SO_4）溶液调节 pH 至溶液刚呈微黄色。

（5）加入钼锑抗显色剂 5 mL，摇匀，用水定容至刻度。

（6）在室温高于 15℃ 的条件下放置 30 min 后（溶液呈现不同程度的蓝色），在分光光度计上以 700 nm 的波长比色，以空白试验溶液为参比液调零点，读取吸收值，在工作曲线上查出显色液的磷浓度（mg/L）。

（7）标准曲线的绘制。分别吸取 5 mg/L 标准溶液 0、1 mL、2 mL、3 mL、4 mL、5 mL、6 mL 于 50 mL 容量瓶中，加水稀释至约 30 mL，加入钼锑抗显色剂 5 mL，摇匀定容，即得 0、0.1 mg/L、0.2 mg/L、0.3 mg/L、0.4 mg/L、0.5 mg/L、0.6 mg/L 磷标准系列溶液，与待测溶液同时比色，读取吸收值。在方格坐标纸上以吸收值为纵坐标，磷浓度（mg/L）为横坐标，绘制成标准曲线。

7.5.5　结果计算

$$全磷（\%）= c \times V \times \text{ts}/(m \times 10^6) \times 100$$

式中，c——从标准曲线上查得的磷的浓度，mg/L；

V——显色液体积，本操作中为 50 mL；

ts——分取倍数，即消煮溶液定容体积/吸取消煮溶液体积，mL；

10^6——将 μg 换算成 g；

m——土壤样品重量，g。

7.6　农田土壤速效磷测定实验（碳酸氢钠浸提+钼锑抗比色法）

了解土壤中速效磷供应状况，对于施肥有着直接的指导意义。土壤速效磷的测定方法很多，由于提取剂的不同所得的结果也不一致。提取剂的选择主要根据各种土壤性质而定，一般情况下，石灰性土壤和中性土壤采用碳酸氢钠来提取，酸性土壤采用酸性氟化铵或氢氧化钠-草酸钠法来提取。

7.6.1　方法原理

石灰性土壤由于大量游离碳酸钙存在，不能用酸溶液来提取速效磷，可用碳酸盐的碱溶液。由于碳酸根的同离子效应，碳酸盐的碱溶液降低碳酸钙的溶解度，也就降低了溶液中钙的浓度，这样就有利于磷酸钙盐的提取。同时由于碳酸盐的碱溶液也降低了铝和铁离子的活性，有利于磷酸铝和磷酸铁的提取。此外，碳酸氢钠碱溶液中存在着 OH^-、HCO_3^-、CO_3^{2-} 等阴离子有利于吸附态磷的交换，因此，碳酸氢钠不仅适用于石灰性土壤，也适用于中性和酸性土壤中速效磷的提取。待测液用钼锑抗混合显色剂在常温下进行还原，使黄色的锑磷钼杂多酸还原成为磷钼蓝进行比色。

7.6.2　主要仪器

往复振荡机、电子天平（1/100）、分光光度计、三角瓶（250 mL 和 100 mL）、烧杯（100 mL）、移液管（10 mL、50 mL）、容量瓶（50 mL）、吸耳球、漏斗（60 mL）、滤纸、坐标纸、擦镜纸、小滴管。

7.6.3 试剂配制

（1）0.5 mol/L 碳酸氢钠浸提液：称取化学纯碳酸氢钠 42.0 g 溶于 800 mL 水中，以 0.5 mol/L NaOH 调节 pH 至 8.5，洗入 1 000 mL 容量瓶中，定容至刻度，贮存于试剂瓶中。此溶液贮存于塑料瓶中比在玻璃瓶中容易保存，若贮存超过 1 个月，应检查 pH 是否改变。

（2）无磷活性炭：活性炭常常含有磷，应做空白试验，检查有无磷存在。如含磷较多，须先用 2 mol/L HCl 浸泡过夜，用蒸馏水冲洗多次后，再用 0.5 mol/L 碳酸氢钠浸泡过夜，在平瓷漏斗上抽气过滤，每次用少量蒸馏水淋洗多次，并检查到无磷为止。如含磷较少，则直接用碳酸氢钠处理即可。

（3）磷（P）标准溶液：准确称取 45℃烘干 4~8 h 的分析纯磷酸二氢钾 0.219 7 g 于小烧杯中，以少量水溶解，将溶液全部洗入 1 000 mL 容量瓶中，用水定容至刻度，充分摇匀，此溶液即为含 50 mg/L 的磷基准溶液。吸取 50 mL 此溶液稀释至 500 mL，即为 5 mg/L 的磷标准溶液（此溶液不能长期保存）。比色时按标准曲线系列配制。

（4）硫酸钼锑贮存液：取蒸馏水约 400 mL，放入 1 000 mL 烧杯中，将烧杯浸在冷水中，然后缓缓注入分析纯浓硫酸 208.3 mL，并不断搅拌，冷却至室温。另称取分析纯钼酸铵 20 g 溶于约 60℃的 200 mL 蒸馏水中，冷却。然后将硫酸溶液徐徐倒入钼酸铵溶液中，不断搅拌，再加入 100 mL 0.5%酒石酸锑钾溶液，用蒸馏水稀释至 1 000 mL，摇匀贮于试剂瓶中。

（5）二硝基酚：称取 0.25 g 二硝基酚溶于 100 mL 蒸馏水中。

（6）钼锑抗混合色剂：在 100 mL 钼锑贮存液中，加入 1.5 g 左旋（旋光度+21°~+22°）抗坏血酸，此试剂有效期 24 h，宜用前配制。

7.6.4 操作步骤

（1）称取通过 18 号筛（孔径为 1 mm）的风干土样 5 g（精确到 0.01 g）于 200 mL 三角瓶中，准确加入 0.5 mol/L 碳酸氢钠溶液 100 mL，再加一小角勺无磷活性炭，塞紧瓶塞，在振荡机上振荡 30 min（振荡机速度为 150~180 次/min），立即用无磷滤纸干过滤，滤液承接于 100 mL 三角瓶中。最初 7~8 mL 滤液弃去。

（2）吸取滤液 10 mL（含磷量高时吸取 2.5~5 mL；同时应补加 0.5 mol/L 碳酸氢钠溶液至 10 mL）于 50 mL 量瓶中，加二硝基酚指示剂 2 滴，加硫酸钼锑抗混合显色剂 5 mL 充分摇匀，排出二氧化碳后加水定容至刻度，再充分摇匀。

（3）30 min 后，在分光光度计上比色（波长 660 nm），比色时须同时做空白测定。

（4）磷标准曲线绘制：分别吸取 5 mg/L 磷标准溶液 0、1 mL、2 mL、3 mL、4 mL、5 mL 于 50 mL 容量瓶中，每一容量瓶即为 0、0.1 mg/L、0.2 mg/L、0.3 mg/L、0.4 mg/L、0.5 mg/L 磷，再逐个加入 0.5 mol/L 碳酸氢钠 10 mL 和硫酸-钼锑抗混合显色剂 5 mL，然后同待测液一样进行比色。绘制标准曲线。

7.6.5 结果计算

$$土壤速效磷含量（mg/kg）= c \times V/m \times ts$$

式中，c——从标准曲线上查得的比色液磷的浓度，mg/L；

V——比色液体积，mL；
m——土壤样品重量，g；
ts——分取倍数。

7.6.6 注意事项

（1）活性炭一定要洗至无磷无氯反应。

（2）钼锑抗混合剂的加入量要十分准确，特别是钼酸量的大小，直接影响着显色的深浅和稳定性。标准溶液和待测液的比色酸度应保持基本一致，它的加入量应随比色时定容体积的大小按比例增减。

（3）温度的大小影响着测定结果。提取时要求温度在25℃左右。室温太低时，可将容量瓶放入40~50℃的烘箱或热水中保温20 min，稍冷后方可比色。

7.7 农田土壤全钾测定实验（Na_2CO_3熔融-火焰光度计法）

钾是作物生长发育过程中所必需的营养元素之一。土壤中的钾素主要呈无机形态存在，根据钾的存在形态和作物吸收能力，可把土壤中的钾素分为四部分：土壤矿物态钾（此为难溶性钾）、非交换态钾（为缓效性钾）、交换性钾、水溶性钾。后两种为速效性钾，可以被当季作物吸收利用，是反映钾肥肥效高低的标志之一。因此，了解钾元素在土壤中的含量，对指导合理施用钾肥具有重要的意义。

7.7.1 方法原理

样品经碱熔后，使难溶的硅酸盐分解成可溶性化合物，用酸溶解后可不经脱硅和去铁、铝等步骤，稀释后即可直接用火焰光度计法测定。

火焰光度计是测定元素在火焰中被激发时发射出特征谱线强度的仪器，是一种直读式的发射光谱仪，主要用于测定碱金属元素（如钾和钠等）；也是目前测定溶液中微量钾和钠的一种最好的方法（标准方法）。样品溶液经过雾化后以气-液溶胶形式进入火焰，溶液在火焰低温区（火焰下部）溶剂蒸发后形成气-固溶胶，进入在高温火焰区后，含钾化合物在高温下分解出钾的基态自由原子并被激发成激发态原子；激发态原子不稳定，在10 s的时间内会重新恢复到基态，当这种激发态原子还原为基态时，即有特定波长的光辐射发射出来，这就是该元素的特征谱线。钾的特征谱线波长为7 664.9~7 698.9Å。用单色器将这种特定波长的光辐射分离出来并直接照射到光电转换器上，使光能转变为电能，用检测计检出所产生的光电流的强度。如果激发条件保持一致，则光电流的强度与被测元素的浓度呈正相关。从标准线曲中即可查出待测液中钾的含量。

7.7.2 主要仪器

铂坩埚，高温电炉，100 mL容量瓶，火焰光度计。

7.7.3 试剂配制

(1) 钾(K)标准溶液：准确称取在 105℃烘干 4～6 h 的分析纯 KCl 0.953 5 g 溶于纯水中。定容至 100 mL，即为 500 μg/mL 的 K 标准液。吸取 20 mL 稀至 100 mL 即为 100 μg/mL。用前再分别吸取 100 μg/mL 标准液 0.0、1.0 mL、3.0 mL、5.0 mL、7.0 mL、10.0 mL、15.0 mL 于 100 mL 瓶中。用纯水稀至刻度。摇匀。即为 0.0、1.0 μg/mL、3.0 μg/mL、5.0 μg/mL、7.0 μg/mL、10.0 μg/mL、15.0 μg/mL 的系列标准液。

(2) 4.5 mol/L H_2SO_4。

7.7.4 操作步骤

(1) 待测液的制备：称取过 0.25 mm 筛孔的风干土样 0.200 g 于铂坩埚中。在桌面上轻轻敲动坩埚，使土样平铺于埚底，加几滴无水乙醇至埚内土样全部润湿后，立即加入已研细的优级纯无水碳酸钠 2.5 g，并使之均匀铺于土样表面。趁乙醇未挥发前将铂坩埚置于电炉上，盖上埚盖并使坩埚露出一小缝，开启电炉加热至碳酸钠熔融。揭开埚盖观察埚内碳酸钠已全部熔完且已无气泡后，取下冷却，并转入高温电炉中加热至 9 000～9 200℃，保持 20～30 min 后。切断电源。待炉温降至 2 500～3 000℃时。用铂头坩埚钳取出坩埚。待坩埚冷却至不太烫手时，用手轻轻搓压坩埚四周，尽量使熔块与坩埚壁分离，然后连同熔块和坩埚一并放入 250 mL 烧杯中，加约 50 mL 沸纯水。放置片刻，待熔块能完全脱离坩埚后，用坩埚钳取出坩埚，用皮头吸管取沸水洗净坩埚内外及坩埚盖(注意：勿使溶液总体积超过 80 mL)。将烧杯置于电炉上加热溶解熔块至完全，取下冷却后转入 100 mL 容量瓶。加 4.5 mol/L 的 H_2SO_4 10 mL，摇匀。观察溶液中是否有白色絮状沉淀，如有，则说明酸的用量不足，可适当再加少量 H_2SO_4，直至无白色絮状沉淀后放置使冷却至室温，然后用纯水定容，摇匀，静置澄清备用。

(2) 准确吸取澄清(或滤清)待测液 5 mL (视钾含量可少取或多取) 于 25 mL 量瓶中，纯水定容后，于火焰光度计上测定。

下面以 FP640 型火焰光度计为例介绍仪器的使用操作：

1) 插上空气压缩机电源插头。打开燃气阀门，立即按动仪器右侧的点火器点火。

2) 调节燃气和助燃气阀门，使仪器压力表上的压力每平方厘米在 1.0～1.5 kg，使锥形火焰边缘清晰、稳定、呈蓝绿色。

3) 将毛细管插入事先配制好的系列标准钾溶液的零浓度中、待指针稳定后，调节"调0"旋钮，使指针到零位。换用 15 μg/mL 的钾标液调节灵敏度旋钮，使读数在 60～80。将毛细管插入盛有纯水的小烧杯中，以清洗管道系统，使指针回到零位。

4) 由低浓度到高浓度测定系列标准液，读取每个浓度测得的读数，并在方格坐标上绘制标准曲线。

5) 重新用纯水清洗管道和燃烧头(直接将毛细管插入纯水中，洗至火焰呈蓝绿色即可)并校正零位。

6) 待测液测定前，可随机或选取含钾量高的样液进行试测。如果检流计指针迅速移至表头外则表示待测液浓度太高，需要稀释后再测定(注意：在测定过程中，每测定 4～6 样次后，就应用标准系列中高浓度和零浓度溶液作校正。即：先将毛细管插入高浓度溶液中，待指针稳定后，观察读数是否与标准系列测定时的原读数相同。如有变化，则用灵敏度旋钮调至相同读数，然后，用零浓度校零位。各待测液（包括空白）测得的信号强度的读数可在标准曲线上查得浓度（μg/mL）值，减去空白值再乘上稀释倍数即可得样品的含钾量。

7）样品测定完成。用纯水清洗管道系统后关闭燃气阀门。待火焰完全熄灭后，拔下空气压缩机电源插头。

7.7.5 结果计算

$$全钾（g/kg）=\rho \times \frac{V}{m} \times 稀释倍数 \times 10^{-3}$$

式中，ρ——从标准曲线上查得样品中 K 的浓度，μg/mL；

V——定容体积，mL；

m——土样质量，g；

10^{-3}——将 μg/mL 换算成 g/kg 的换算系数。

7.8 农田土壤速效钾测定实验（醋酸铵-火焰光度计法）

土壤中的水溶性钾和交换性钾能直接被植物根吸收，称为速效钾。一般认为，土壤速效钾以土壤胶体所吸附的钾为主，其总量占到速效钾的 90% 以上。土壤速效钾含量变化一般在 20~250 mg/kg，不同土壤类型、母质及土壤水热条件，包括耕作措施都会对土壤速效钾产生影响。南方黄、红壤速效钾含量一般很少超过 100 mg/kg。而北方或西北地区的土壤速效钾可达 150 mg/kg 以上。紫色土壤因母质中含矿物钾丰富，在发育程度不高的情况下，速效钾水平在 50~150 mg/kg，属中高水平的土壤。

测定土壤速效钾的常规分析法是醋酸铵提取，火焰光度法测定。无火焰光度计时，也可用原子吸收分光光度计测定，或用硝酸钠提取，四苯硼钠比浊法测定，也可用钾电极测定。但以火焰光度法的结果较为准确。

7.8.1 方法原理

用中性 1 mol/L 醋酸铵处理土壤。提取出水溶性钾与交换性钾。提出液在火焰光度计上直接测出钾的浓度。醋酸铵在火焰中挥发，不干扰测定。该法适用于各种性质的土壤。

7.8.2 主要仪器

1/1 000 天平、振荡机、火焰光度计、三角瓶（250 mL，100 mL）、漏斗（60 mL）、滤纸、坐标纸、角匙、吸耳球、移液管（50 mL）。

7.8.3 试剂配制

（1）pH 7，1 mol/L 的 NH_4Ac：取冰醋酸（HAc）67 mL，加纯水稀释至 500 mL，加 69 mL 浓氨水（NH_4OH），再加纯水至约 980 mL，用 NH_4OH 或 HAc 调节溶液至 pH 7。然

后用纯水稀释到 1 000 mL。或直接称取 NH_4Ac 77.0 g 于 1 000 mL 烧杯中，加纯水约 980 mL 溶解后，用 NH_4OH 或 HAc 调节溶液至 pH 至 7 后稀释到 1 000 mL 备用。

（2）钾标准液：同全钾的测定。

7.8.4 操作步骤

（1）称取 1 mm 风干土 5.00 g，于 100～150 mL 三角瓶中。加入 50 mL 1 mol/L 中性醋酸铵溶液，塞紧橡皮塞，振荡 15 min 后用过滤器过滤。同时做一空白试验。

（2）滤液盛于 50 mL 三角瓶中。同钾标准系列（0.0、1.0 μg/mL、3.0 μg/mL、5.0 μg/mL、7.0 μg/mL、10.0 μg/mL、15.0 μg/mL）一道在火焰光度计上测定。将标准系列的浓度与检流计读数在方格纸上绘制标准曲线。将样品的读数在标准曲线上查出相应的浓度（μg/mL）值。

7.8.5 结果计算

$$速效钾（mg/kg）=\rho \times \frac{V}{m}$$

式中，ρ——从标准曲线上查得样品中 K 的浓度，μg/mL；

V——定容体积，mL；

m——土样质量，g。

第8章 农田土壤酶活性测定实验

8.1 农田土壤脲酶活性测定实验

脲酶广泛存在于土壤中,是研究比较深入的一种酶。脲酶酶促产物——氨是植物氮源之一。尿素氮肥水解与脲酶密切相关。有机肥料中也有游离脲酶存在。同时,脲酶与土壤其他因子(有机质含量、微生物数量)有关。研究土壤脲酶转化尿素的作用及其调控技术,对提高尿素氮肥利用率有重要意义。比色法重现性较好,精确性较高。以尿素为基质,脲酶酶促产物——氨在碱性介质中,与苯酚-次氯酸钠作用,生成蓝色的靛酚,该生成物数量与氨浓度成正比。

8.1.1 试剂配制

(1) pH 6.7 柠檬酸盐缓冲液:取 368 g 柠檬酸溶于 600 mL 蒸馏水中,另取 295 g 氢氧化钾溶于水,再将二种溶液合并,用 1 mol/L 氢氧化钠将 pH 调至 6.7,并用水稀释至 2 L。

(2) 苯酚钠溶液:称 62.5 g 苯酚溶于少量乙醇中,加 2 mL 甲醇和 18.5 mL 丙酮,然后用乙醇稀释至 100 mL(A 液),保存在冰箱中。称 27 g 氢氧化钠溶于 100 mL 水中(B 液),保存在冰箱中。使用前,取 A、B 两液各 20 mL 混合,并用蒸馏水稀释至 100 mL 备用。

(3) 次氯酸钠溶液:用水稀释制剂,至活性氯的浓度为 0.9%,溶液稳定。

(4) 10%尿素液:称量 10 g 尿素,溶于 100 mL 水中。

(5) 甲苯。

(6) 氮的标准溶液:精确称取 0.471 7 g 硫酸铵溶于水并稀释至 1 000 mL,则得 1 mL 含 0.1 mg 氮的标准液。绘制标准曲线时,可再将此液稀释 10 倍供用。

标准曲线绘制:吸取稀释的标准液 0、1 mL、3 mL、5 mL、7 mL、9 mL、11 mL、13 mL,移于 50 mL 容量瓶中,然后加蒸馏水至 20 mL。再加 4 mL 苯酚钠溶液和 3 mL 次氯酸钠溶液,随加随摇匀。20 min 后显色,定容。1 h 内在分光光度计上于波长 578 nm 处比色。根据光密度值与溶液浓度绘制标准曲线。

8.1.2 操作步骤

取 5 g 风干土,置于 50 mL 三角瓶中,加 1 mL 甲苯,振荡均匀。15 min 后加 10 mL 10%尿素液和 20 mL pH 6.7 柠檬酸盐缓冲液。摇匀后在 37℃恒温箱中培养 24 h。培养结束后过滤,过滤后取 3 mL 滤液注入 50 mL 容量瓶中,再加 4 mL 苯酚钠溶液和 3 mL 次氯酸钠溶液,随加随摇匀。20 min 后显色,定容。1 h 内在分光光度计上于波长 578 nm 处比色。

8.1.3 结果计算

脲酶活性以 24 h 后 1 g 土壤中 NH_3-N 的质量表示。

$$NH_3\text{-}N（mg）=2 \times a$$

式中，a——从标准曲线查得的样品 NH_3-N 毫克数，mg；
　　　2——换算成 1 g 土的系数。

8.2 农田土壤磷酸酶活性测定实验

土壤有机磷转化受多种因子制约，尤其是磷酸酶的参与，可加速有机磷的脱磷速度。在 pH 4~9 的土壤中均有磷酸酶。积累的磷酸酶对土壤磷素的有效性具有重要作用。研究证明，磷酸酶与土壤碳、氮含量呈正相关，与有效磷含量和 pH 也有一定关系。磷酸酶活性是评价土壤磷素生物转化方向与强度的指标。磷酸酶有三种最适 pH：4~5，6~7 和 8~10。所以，测定酸性、中性和碱性反应土壤的磷酸酶，要提供相应的 pH 缓冲液才能测出该土壤的磷酸酶最大活性。测定磷酸酶常采用的 pH 缓冲体系有醋酸盐缓冲液（pH 5.0~5.4），柠檬酸盐缓冲液（pH 7.0），三甲基氨基甲烷缓冲液（pH 7.0~8.5）和硼酸缓冲液（pH 9~10）。测定磷酸酶时，用各种磷酸酯为基质，苯磷酸二钠是最常用的基质。

8.2.1 试剂配制

（1）0.5%磷酸苯二钠溶液：用缓冲液配制。
（2）pH 为 5 醋酸盐缓冲液：
0.2 mol/L 醋酸溶液：11.55 mL 的冰醋酸溶液溶于 1 L 水；
0.2 mol/L 醋酸钠溶液：16.4 g 的 $C_2H_3O_2Na$ 溶液溶于 1 L 水；
取 14.8 mL 0.2 mol/L 醋酸溶液加 35.2 mL 0.2 mol/L 醋酸钠溶液稀释至 1 L。
（3）pH 为 7 柠檬酸盐缓冲液：
0.1 mol/L 柠檬酸溶液：19.2 g 的 $C_6H_7O_8$ 溶于 1 L 水；
0.2 mol/L 磷酸氢二钠溶液：53.63 g 的 $Na_2HPO_4 \cdot 7H_2O$ 溶于 1 L 水；
取 6.4 mL 0.1 mol/L 柠檬酸溶液加 43.6 mL 0.2 mol/L 磷酸氢二钠溶液稀释至 100 mL。
（4）pH 为 9.6 的硼酸盐缓冲液：
0.05 mol/L 硼砂溶液：19.05 g 的硼砂溶于 1 L 水；
0.2 mol/L NaOH 溶液：8 g 的 NaOH 溶于 1 L 水；
取 50 mL 0.05 mol/L 硼砂溶液加 23 mL 0.2 mol/L NaOH 溶液稀释至 200 mL。
（5）氯代二溴对苯醌亚胺试剂：取 0.125 g 氯代二溴对苯醌亚胺，用 10 mL 96%乙醇溶解，贮于棕色瓶中，存放在冰箱里。保存的黄色溶液未变褐色之前均可使用。
（6）酚的标准溶液：
酚原液：取 1 g 重蒸酚溶于蒸馏水中，稀释至 1 L，贮于棕色瓶中。
酚工作液：取 10 mL 酚原液稀释至 1 L（每毫升含 0.01 mg 酚）。

（7）甲苯。
（8）0.3%硫酸铝溶液。

标准曲线绘制：取 0、1 mL、3 mL、5 mL、7 mL、9 mL、11 mL、13 mL 酚工作液，置于 50 mL 容量瓶中，每瓶加入 5 mL 缓冲液和 4 滴氯代二溴对苯醌亚胺试剂，显色后稀释至刻度，30 min 后比色测定。以光密度为纵坐标、浓度为横坐标绘成标准曲线。

8.2.2 操作步骤

称 5 g 风干土置于 200 mL 三角瓶中，加 2.5 mL 甲苯，轻摇 15 min 后，加入 20 mL 0.5% 磷酸苯二钠（酸性磷酸酶用醋酸盐缓冲液，中性磷酸酶用柠檬酸盐缓冲液，碱性磷酸酶用硼酸盐缓冲液），仔细摇匀后放入恒温箱，在 37℃下培养 24 h，后于培养液中加 100 mL 0.3% 硫酸铝溶液并过滤。吸取 3 mL 滤液于 50 mL 容量瓶中，然后按绘制标准曲线所述方法显色。用硼酸缓冲液时，呈现蓝色，在分光光度计上于 660 nm 处比色。

8.2.3 结果计算

磷酸酶活性，以 24 h 后 1 g 土壤中释出的酚的质量表示。

$$酚（mg）=8×a$$

式中，a——从标准曲线查得的样品酚毫克数，mg；
   8——换算成 1 g 土的系数。

8.3 农田土壤蛋白酶活性测定实验

蛋白酶参与土壤中存在的氨基酸、蛋白质以及其他含蛋白质氮的有机化合物的转化。它们的水解产物是高等植物的氮源之一。土壤蛋白酶在剖面中的分布与蔗糖酶相似，活性随剖面深度而减弱，并与土壤有机质含量、氮素及其他土壤性质有关。蛋白酶能酶促蛋白物质水解成肽，肽进一步水解成氨基酸。测定土壤蛋白酶常用的方法是比色法，根据蛋白酶酶促蛋白质产物——氨基酸与某些物质（如铜盐蓝色络合物或茚三酮等）生成带颜色络合物。依溶液颜色深浅程度与氨基酸含量的关系，求出氨基酸量，以表示蛋白酶活性。

8.3.1 试剂配制

（1）1%白明胶溶液：用 pH 7.4 的磷酸盐缓冲液配制。
（2）0.05 mol/L 硫酸。
（3）20%硫酸钠。
（4）2%茚三酮溶液：2 g 茚三酮溶于 100 mL 丙酮，然后取 95 mL 该溶液与 1 mL CH_3COOH 和 4 mL 水混合制成工作液（现配现用）。
（5）甲苯。
（6）甘氨酸标准溶液：取 0.1 g 甘氨酸溶于水中，定容 1 L，则得 1 mL 含 100 μg 甘氨酸的标准溶液。再稀释 10 倍制成 1 mL 含 10 μg 甘氨酸的工作液。

标准曲线的绘制：分别吸取工作液 0、1 mL、3 mL、5 mL、7 mL、9 mL、11 mL 移于 50 mL 容量瓶中，获得甘氨酸浓度分别为 0、0.2 μg/mL、0.6 μg/mL、1.0 μg/mL、1.4 μg/mL、1.8 μg/mL、2.2 μg/mL 的标准溶液梯度，然后加入 1 mL 2%茚三酮，冲洗瓶颈后将混合物仔细摇匀，在沸水浴上加热 10 min，将获得的着色溶液用蒸馏水稀释至刻度。在分光光度计上于 560 nm 处比色测定颜色深度。以光密度为纵坐标、以甘氨酸浓度为横坐标，绘制曲线。

8.3.2 操作步骤

称 2 g 风干土，置于 50 mL 三角瓶中，加 10 mL 1%白明胶溶液和 0.5 mL 甲苯，小心振荡后用木塞盖紧，在 30℃恒温箱中放置 24 h。培养结束后，将瓶中的内容物过滤，取 5 mL 滤液于试管，加 0.5 mL 0.05 mol/L 硫酸和 3 mL 20%硫酸钠液，以沉淀蛋白质，然后过滤到 50 mL 容量瓶中，并加入 1 mL 2%茚三酮溶液，将混合物仔细振荡，并在沸水浴中加热 10 min。将获得的着色溶液用蒸馏水稀释到刻度，按绘制标准曲线显色方法进行比色测定。

用干热灭菌的土壤和不含土壤的基质作对照，以除掉土原来含有的氨基氮而引起的误差。

8.3.3 结果计算

蛋白酶活性，以 24 h 后 1 g 土壤中甘氨酸的质量表示。

$$甘氨酸（μg）= \frac{c \times 50 \times n}{m}$$

式中，c——从标准曲线查得的甘氨酸浓度，μg/mL；
50——显色液体积，mL；
n——分取倍数；
m——风干土壤质量，g。

8.4 农田土壤蔗糖酶活性测定实验

蔗糖酶能酶促蔗糖水解生成葡萄糖和果糖。蔗糖酶活性的测定方法有用酶学的方法测量所产生的葡萄糖（滴定法或重量法）或是根据蔗糖的非还原性，用生成物（葡萄糖和果糖）能够还原斐林溶液中的铜，再根据生成的氧化亚铜的量求出糖的含量。也可根据蔗糖水解的生成物与某种物质（3,5-二硝基水杨酸或磷酸铜）生成的有色化合物进行比色测定。目前，我国常用的主要是硫代硫酸钠滴定法，它是测定土壤蔗糖酶活性的经典方法。3,5-二硝基水杨酸比色法重现性较好，且手续较简便，适于成批样品测定。

8.4.1 试剂配制

（1）3,5-二硝基水杨酸溶液（DNS）：称 0.5 g 二硝基水杨酸，溶于 20 mL 2 mol/L NaOH 和 50 mL 水中，再加 30 g 酒石酸钾钠，用水稀释至 100 mL（不超过 7 d）。

（2）pH 5.5 磷酸缓冲液：1/15 mol/L 磷酸氢二钠（11.867 g $NaHPO_4 \cdot 2H_2O$ 溶于 1 L 蒸馏水）0.5 mL 加 1/15 mol/L 磷酸二氢钾（9.078 g KH_2PO_4 溶于 1 L 蒸馏水）9.5 mL。

（3）8%蔗糖溶液。

（4）甲苯。

（5）标准葡萄糖溶液：将葡萄糖先在 50～58℃条件下，真空干燥至恒重。然后取 500 mg 溶于 100 mL 苯甲酸溶液中（5 mg 还原糖/mL），即成标准葡萄糖溶液。再用标准液制成 1 mL 含 0.01～0.5 mg 葡萄糖的工作溶液。

标准曲线绘制：分别吸取 1 mg/mL 的标准葡萄糖溶液 0、0.1 mL、0.2 mL、0.3 mL、0.4 mL、0.5 mL 于试管中，再补加蒸馏水至 1 mL，加入 DNS 3 mL 混匀，于沸水浴中沸腾 5 min，取出后立即冷水浴冷却到室温，以空白管调零在分光光度计波长 540 nm 处比色，以光密度值为纵坐标、葡萄糖浓度为横坐标绘制成标准曲线。

8.4.2 操作步骤

称 5 g 风干土，置于 50 mL 三角瓶中，注入 15 mL 8%蔗糖溶液，5 mL pH 5.5 磷酸缓冲液和 5 滴甲苯。摇匀混合物后，放入恒温箱，在37℃下培养 24 h。到时取出，迅速过滤。从中吸取滤液 1 mL，注入 50 mL 容量瓶中，加 3 mL DNS 溶液，并在沸腾的水浴锅中加热 5 min，随即将容量瓶移至自来水流下冷却 3 min。溶液因生成 3-氨基-5-硝基水杨酸而呈橙黄色，最后用蒸馏水稀释至 50 mL，并在分光光度计上于波长 508 nm 处进行比色。

为了消除土壤中原有的蔗糖、葡萄糖而引起的误差，每一土样需做无基质对照，整个试验需做无土壤对照。

8.4.3 结果计算

蔗糖酶活性以 24 h 后 1 g 土壤葡萄糖的质量表示。

$$葡萄糖（mg）=4 \times a$$

式中，a——从标准曲线查得的样品葡萄糖毫克数，mg；

4——换算成 1 g 土的系数。

8.5 农田土壤过氧化氢酶活性测定实验

过氧化氢酶广泛存在于土壤中和生物体内。土壤过氧化氢酶促过氧化氢的分解有利于防止它对生物体的毒害作用。过氧化氢酶活性与土壤有机质含量有关，与微生物数量也有关。一般认为，土壤中催化过氧化氢分解的活性，有 30%或 40%以上是耐热的，即非生物活性，常由锰、铁引起催化作用。土壤肥力因子与不耐热的过氧化氢酶活性成正比。过氧化氢酶能酶促过氧化氢分解成分子氧和水。土壤中过氧化氢酶的测定是根据土壤（含有过氧化氢酶）与过氧化氢作用析出的氧气体积或者消耗的过氧化氢体积，测定过氧化氢的分解速度，以此来代表过氧化氢酶活性。在反应系统中加入一定量（反应过量）的土壤悬液，经酶促反应后，用标准高锰酸钾溶液（在酸性条件下）滴定多余的过氧化氢，即可求出消

耗的 H_2O_2 的量。反应方程式如下：

$$2KMnO_4+5H_2O+3H_2SO_4 \longrightarrow 2MnSO_4+K_2SO_4+8H_2O+5O_2$$

8.5.1 试剂配制

（1）3% H_2O_2 溶液：取 30%的 H_2O_2 溶液 25 mL，定容至 250 mL，冰箱保存，用时用 0.1 mol/L 高锰酸钾溶液标定。

（2）2 mol/L 硫酸溶液：称取 5.43 mL 的浓硫酸溶液稀释至 500 mL，冰箱保存。

（3）0.02 mol/L 高锰酸钾溶液：称取 1.7 g 高锰酸钾，加入 400 mL 的水中，缓缓煮沸 15 min，冷却后定容至 500 mL，避光保存，用时用 0.1 mol/L 的草酸溶液标定。

（4）0.1 mol/L 的草酸溶液：称取优级 $C_2H_2O_2 \cdot 2H_2O$ 3.334 g，用蒸馏水溶解后，定容至 250 mL。

（5）甲苯。

8.5.2 操作步骤

取 5 g 风干土，置于 100 mL 三角瓶中（不加土样为空白对照），加入 0.5 mL 甲苯，摇匀，于 4℃冰箱中放置 30 min。取出后立即加入 25 mL 3% H_2O_2 溶液，充分摇匀后于 4℃冰箱中放置 1 h。取出后再加入 25 mL 2 mol/L 硫酸溶液，摇匀，过滤。取 1 mL 滤液于三角瓶，并注入 5 mL 蒸馏水和 5 mL 2 mol/L 硫酸溶液，用 0.02 mol/L 高锰酸钾溶液滴定至淡粉红色终点。

8.5.3 结果计算

过氧化氢酶活性以 1 h 后 1 g 土壤消耗的 0.1 mol/L 高锰酸钾的体积表示。

$$酶活性（mL/g） = \frac{(A-B) \times T}{m}$$

式中，A——空白样剩余过氧化氢滴定体积，mL；

B——土样剩余过氧化氢滴定体积，mL；

T——高锰酸钾滴定度的校正值，即 10 mL 0.1 mol/L 的草酸溶液用高锰酸钾滴定，消耗高锰酸钾体积为 19.49 mL，由此计算出高锰酸钾浓度为 0.020 5 mol/L，则校正值 T=0.020 5/0.02=1.026；

m——风干土样质量，g。

第 9 章 分子生物学技术在农田微生物研究中的应用

9.1 土壤总 DNA 提取

9.1.1 实验原理

土壤总 DNA 提取主要依靠物理破坏和化学方法来释放、提取和纯化土壤中微生物的 DNA，从而代表土壤微生物总 DNA。这是土壤微生物组学研究的重要基础。主要有以下步骤：①破壁：使用湿热法破坏土壤中微生物的细胞壁和细胞膜，释放出细胞内的 DNA。②混匀和均质化：使破壁后的土壤样品完全混合均质，以确保提取到土壤中微生物的代表性 DNA。③去除污染物：去除土壤中的有机物、无机物等污染物，防止对后续的 DNA 提取和分析产生影响。④溶解并精提 DNA：使用去污后土壤样品，添加 DNA 结合的离子（如 CTAB）以及蛋白酶 K 等酶来分解细胞及其组分，释放出 DNA。然后使用氯仿等有机溶剂萃取 DNA。⑤DNA 收集与精制：从有机溶剂层收集 DNA，常用异丙醇沉淀法，然后用乙醇洗涤，溶解在 TE 缓冲液中，进行纯化和定量，得到土壤总 DNA。后续使用特定的引物和 PCR 技术来扩增和定量土壤中的细菌、古菌和真菌的特定 DNA 片段，从而确定它们的丰度。使用高通量测序技术对扩增的 DNA 片段进行测序，通过生物信息学方法分析不同微生物的 DNA 序列，可以确定土壤中的微生物群落组成和结构。

9.1.2 试剂盒和仪器

（1）试剂盒：Fast DNA SPIN Kit for Soil（MP Biomedicals）试剂盒，包括 Lysing Matrix E tubes、Catch tubes、Sodium Phosphate Buffer、MT Buffer、PPS 溶液、Binding Matrix、SPIN Filter、Concentrated SEWS-M（盐乙醇洗脱液）、DES（DNA 洗脱液超纯水）、BBS Gel Loading Dye、MSDS。

（2）仪器：微型离心机、涡旋混合仪。

9.1.3 操作步骤

（1）将 500 mg 土壤样本加到 Lysing Matrix E 管中，加入 978 μL Sodium Phosphate Bμffer 和 122 μL MT Bμffer。

注：需保证加完样品和溶液后，管内应留出不少于 200 μL 的空间。

（2）盖紧 Lysing Matrix E 管的盖子，在涡旋混合仪中使其振荡均匀化 40 s。离心机以 8 000 r/min 离心 15 min 至颗粒碎片，消除大样本或细胞壁复杂的细胞中过多的碎片。

注：振荡时间不能太长，否则有可能打断基因组 DNA 片段降低提取质量。

(3) 将上清液转移到干净的 2 mL 微量离心管中。加入 250 μL PPS，用手摇动试管 10 次混合。

(4) 以 8 000 r/min 离心 5 min，使颗粒析出。将上清液转移到干净的 15 mL 试管中。

(5) 摇匀 Binding Matrix 悬浮液，吸取 1 mL 上清液倒在 15 mL 管中。

(6) 将离心管上下颠倒 2 min 后，静置 3 min，让 DNA 附着在 Binding Matrix 上，并用二氧化硅基质沉淀。

(7) 小心去除 500 μL 的上清液，避免吸出 Binding Matrix。

(8) 在剩余的上清液中重新与 Binding Matrix 混合均匀。将约 600 μL 的混合物转移到 SPIN Filter 中，以 8 000 r/min 离心 1 min，倒空收集管，将剩余的混合物加入 SPIN Filter，以 8 000 r/min 离心 1 min，再次清空收集管。

(9) 向 SPIN Filter 加入 500 μL 准备好的 SEWS-M，以 8 000 r/min 离心 1 min，清空收集管并更换。

注：使用 SEWS-M 溶液之前，确保已经加入 100 mL 100%乙醇。

(10) 在不添加任何液体的情况下，第二次以 8 000 r/min 离心 2 min，以"干燥"剩余 SEWS-M。丢弃收集管并更换新的收集管。

(11) 将 SPIN Filter 放到新的收集管中，在室温下干燥 5 min。

(12) 往 SPIN Filter 中加入 50～100 μL DES，用手指轻弹，使之与 Binding Matrix 混合均匀。在 55℃下水浴 5 min，以提高 DNA 产量。以 8 000 r/min 离心 2 min，转移洗脱的 DNA 到干净的收集管。丢弃 SPIN Filter。将提取的 DNA 在 −20℃保存较长时间或在 4℃保存直到使用。注：若最终的 DNA 产量过少，可再次重复此步操作。

9.2 土壤微生物 DNA 的 PCR 和 qPCR 扩增

9.2.1 土壤微生物 DNA 的 PCR 扩增

(1) 扩增的反应体系（50 μL）。

(2) 依照下列程序进行 PCR 扩增（表 9-1、表 9-2）

表 9-1 细菌常用引物信息

类型	区域	引物	引物序列
16S	V4	515F	GTGYCAGCMGCCGCGGTAA
		806R	GGACTACNVGGGTWTCTAAT
16S	V3～V4	341F	CCTACGGGNGGCWGCAG
		806R	GGACTACHVGGGTATCTAAT
16S	V4～V5	515F	GTGCCAGCMGCCGCGGTAA
		907R	CCGTCAATTCCTTTGAGTTT
16S	V5～V7	799F	AACMGGATTAGATACCCKG
		1193R	ACGTCATCCCCACCTTCC

表 9-2　真菌常用引物信息

类型	区域	引物	引物序列
ITS	ITS1	ITS1_F_KYO2	TAGAGGAAGTAAAAGTCGTAA
		ITS86R	TTCAAAGATTCGATGATTCAC
ITS	ITS1	ITS1-F	CTTGGTCATTTAGAGGAAGTAA
		ITS2	GCTGCGTTCTTCATCGATGC
ITS	ITS2	ITS3_KYO2	GATGAAGAACGYAGYRAA
		ITS4	TCCTCCGCTTATTGATATGC

9.2.2　土壤微生物 DNA 的实时荧光定量 PCR 技术

所谓实时荧光定量 PCR 技术，是指在 PCR 反应体系中加入了荧光基团，利用荧光信号的变化实时检测 PCR 扩增反应中每一个循环扩增产物量的变化，最后通过 Ct 值和标准曲线的分析对未知起始模板进行定量分析的方法。相同模板在同一台 PCR 仪上相同条件下进行 96 次扩增，其终点处产物量不恒定，但是 Ct 值极具重现性。Ct 值的含义是：每个反应管内的荧光信号达到设定的域值时所经历的循环数。研究表明，每个模板的 Ct 值与该模板的起始拷贝数的对数存在线性关系，起始拷贝数越多，Ct 值越小。

目前，实时荧光定量 PCR 技术所使用的荧光化学方法主要有五种，分别是 DNA 结合染色、水解探针、分子信标、荧光标记引物、杂交探针。DNA 结合染色是利用荧光染料（如 SYBR Green I）与双链 DNA 分子结合发光的特性来指示扩增产物的增加，其优点是：能监测任何双链 DNA 序列的扩增，无须根据不同的实验设计特殊的探针，无须特别优化条件，简便易行，成本较低，能适用于任何一款定量 PCR 仪，因此很多实验室都选择 SYBR green I 荧光染料法进行基因的表达分析。SYBR green I 是一种只与双链 DNA 小沟结合的染料，只有与双链 DNA 结合时才发荧光，而变性时，DNA 双链分开，从结合处释放出来的荧光信号急剧减弱，当复性和延伸时，形成双链 SYBR green I 又发出荧光，在此阶段采集荧光信号，从而保证荧光信号的增加与 PCR 产物的增加完全同步。

9.2.2.1　材料、仪器和试剂

（1）材料：土壤 DNA。
（2）仪器：普通 PCR 仪、荧光定量 PCR 仪、离心机、微量移液器、吸头、PCR 反应 8 排管、eppendorf 管等。
（3）试剂：SYBR Premix Ex Taq^{TM}，引物（表 9-1 和表 9-2）。

9.2.2.2　操作步骤

在冰浴情况下，向 PCR 8 连管中加入下列各成分：

SYBR Premix Ex Taq^{TM}	10 μL
Primer-F（10 mmol/L）	1 μL
Primer-R（10 mmol/L）	1 μL

DNA template	1 μL
ddH$_2$O	补足 20 μL

打开计算机和实时荧光定量 PCR 仪，设置好反应程序。将上述混合液稍加离心，立即置定量 PCR 仪上，进行扩增。识别不同微生物丰度的定量 PCR 反应程序有所差异。识别细菌丰度的定量 PCR 反应程序为：在 98℃变性 10 s，50℃退火 30 s，72℃延伸 60 s，一共 30 个循环，最后在 72℃冷却 5 min。熔解曲线从 65℃到 98℃，0.2℃读 1 s。识别真菌丰度的定量 PCR 反应程序为：在 95℃预变性 45 s，95℃变性 15 s，58℃退火 20 s，72℃延伸 20 s，一共 32 个循环，最后在 45℃冷却 10 min。熔解曲线从 65℃到 98℃，0.2℃读 1 s。

程序运行结束后，输出实验结果，关闭实时荧光定量 PCR 仪和计算机，进行数据分析处理。

第三部分

土壤微生物群落研究分析过程

第 10 章 美国国家生物技术信息中心网站相关应用

10.1 美国国家生物技术信息中心简介

美国国家生物技术信息中心（NCBI）于 1988 年由美国国家医学图书馆建立，位于马里兰州贝塞斯达。在过去的 30 多年中，NCBI 已经成为生物科学领域中使用最广泛的数据库之一。它是研究人员不可缺少的在线工具。它的使命包括四项任务：第一，建立一个自动化的系统来存储和分析分子生物学、生物化学和遗传学方面的知识；第二，研究先进的基于计算机的信息处理方法来分析重要的生物分子和复合体的结构和功能；第三，加速生物技术研究人员和医学工作者对数据库和软件的使用；第四，促进全世界生物技术信息收集的合作。NCBI 目前提供 36 种资源，包括 Entrez、Entrez 编程工具、My NCBI、PubMed、PubMed Central、Entrez Gene、NCBI 分类学浏览器、BLAST、BLAST 链接（BLink）和电子 PCR 等。这些功能可以在 NCBI 的主页上找到（www.ncbi.nlm.nih.gov），其中一半以上是由 BLAST 功能发展而来的。NCBI 有一个多学科的研究团队，其中包括计算机科学家、分子生物学家、数学家、生物化学家、实验物理学家和结构生物学家，专注于计算分子生物学的基础和应用研究。这些研究人员不仅对基础科学作出了重要贡献，而且还经常成为应用研究活动新方法的提出者。他们共同使用数学和计算方法来研究分子水平上的基本生物医学问题，包括基因组织、序列分析和结构预测。目前正在进行的一些有代表性的研究项目包括检测和分析基因组组织、重复序列主题、蛋白质域和结构单元、建立人类基因组的遗传图谱、艾滋病毒感染的动态数学模型、分析序列错误对数据库搜索的影响、开发新的数据库搜索和多序列比对算法、建立非冗余序列数据库、评价序列相似性意义的统计模型和文本检索的矢量模型。此外，NCBI 的研究人员继续推动与包括美国国家卫生研究院（NIH）在内的其他研究机构以及许多科学院和政府研究实验室的合作。

10.2 NCBI 数据库和软件

Nucleotide 数据库由国际核苷酸序列数据库的 3 个成员组成：美国国家卫生研究院 GenBank、日本 DNA 数据库（DDBJ）和英国 Hinxton Hall 的欧洲分子生物学实验室数据库（EMBL）。它是最大和最广泛使用的核苷酸序列信息的数据库之一。该数据库包含超过 3.5 亿条序列，并定期更新和补充，包括关于源生物体、基因或基因组位置、蛋白质翻译和其他相关数据的信息。它可以通过各种方式进行搜索，包括按关键词、生物体、基因或序列加入号等。

Genome 是一个基因组数据库，提供各种基因组、完整的染色体、连接的序列图和统一的基因物理图。

Structures，也被称为分子建模数据库（MMDB），包含来自 X 射线晶体学和三维结构的实验数据。MMDB 中的数据是从蛋白质数据库（PDB）中获得的。NCBI 利用 NCBI 的三维结构浏览器和 Entrez 中的 Cn3D 将结构数据与书目信息、序列数据库和 NCBI 的 Taxonomy 交叉联系起来，从而使分子结构的相互作用易于可视化。

Taxonomy 是一个生物类别数据库。这个数据库是生物学家、进化研究者和遗传学家的重要资源，因为它为所有生物提供了一个基于分子、形态和生态特征的标准化分类系统。分类学数据库包括诸如学名、同义词、俗名以及所列每个生物体的权威性参考文献等信息。它还链接到其他 NCBI 资源，如 PubMed 和 GenBank，以获得关于生物体的更多详细信息。PopSet 包含一组研究种群、菌株进化或描述种群变化的联合序列。PopSet 包含核酸和蛋白质序列数据。

Entrez 是 NCBI 的综合搜索和检索系统，用于搜索和检索序列、位置、分类和结构数据。Entrez 还提供序列和染色体图的图形视图。Entrez 是一个搜索和检索工具，用于整合 NCBI 数据库的信息，包括核酸序列、蛋白质序列、大分子结构、全基因组数据，以及通过 PubMed 搜索的 MEDLINE。Entrez 具有强大的搜索相关序列、结构和参考文献的能力。期刊文献可以通过网络搜索界面 PubMed 获得，它提供了 MEDLINE 中 900 万条引文的访问，并包含了与参与的出版商网站链接的全文文章。

BLAST 是一个由 NCBI 开发的序列相似性搜索程序，用于识别基因和遗传特征。BLAST 可以在 15 s 内搜索整个 DNA 数据库。NCBI 提供的其他软件工具包括开放阅读框搜索器（ORF Finder）、电子 PCR，以及序列提交工具 Sequin 和 BankIt。所有 NCBI 数据库和软件工具都可以从万维网（WWW）或文件传输协议（FTP）获得。NCBI 也有一个电子邮件服务器，为文本和序列相似性搜索提供访问数据库的另一种方法。

10.3 BLAST 序列比对

当我们得知了某个基因的序列，想要了解这段序列的基因注释信息，即这条序列在哪个物种上、和其他物种的亲缘关系、行使怎样的功能、编码怎样的蛋白质等，此时，我们可以利用 BLAST 工具对这条序列进行序列比对（alignment），即在已知的一个序列数据库中，找到相似或者一致的序列。通过序列比对，还可以进一步研究该序列是否有已知的蛋白质序列和结构信息，了解其行使的功能；也能对相似序列进行系统发生树（phylogenetic tree）的构建。

前提：已知某一条序列，可以是核酸序列，也可以是氨基酸序列。

下面用一条从菜豆根瘤菌 Rhizobium etli strain CFN 42 的 16S rDNA 序列，在 NCBI 上查找其相关信息。

Rhizobium etli strain CFN 42 的 16S rDNA 序列，fasta 格式：

\>NR_074499.2 Rhizobium etli strain CFN 42 16S ribosomal RNA, complete sequence
CAACATGAGAGTTTGATCCTGGCTCAGAACGAACGCTGGCGGCAGGCTTAACAC

ATGCAAGTCGAGCGCCCCGCAAGGGGAGCGGCAGACGGGTGAGTAACGCGTGGGA
ACGTACCCTTTACTACGGAATAACGCAGGGAAACTTGTGCTAATACCGTATGTGCCCT
TTGGGGGAAAGATTTATCGGTAAAGGATCGGCCCGCGTTGGATTAGCTAGTTGGTGG
GGTAAAGGCCTACCAAGGCGACGATCCATAGCTGGTCTGAGAGGATGATCAGCCACA
TTGGGACTGAGACACGGCCCAAACTCCTACGGGAGGCAGCAGTGGGGAATATTGGA
CAATGGGCGCAAGCCTGATCCAGCCATGCCGCGTGAGTGATGAAGGCCCTAGGGTTG
TAAAGCTCTTTCACCGGAGAAGATAATGACGGTATCCGGAGAAGAAGCCCCGGCTAA
CTTCGTGCCAGCAGCCGCGGTAATACGAAGGGGGCTAGCGTTGTTCGGAATTACTGG
GCGTAAAGCGCACGTAGGCGGATCGATCAGTCAGGGGTGAAATCCCAGGGCTCAAC
CCTGGAACTGCCTTTGATACTGTCGATCGGAGTATGGAAGAGGTGAGTGGAATTCC
GAGTGTAGAGGTGAAATTCGTAGATATTCGGAGGAACACCAGTGGCGAAGGCGGCTC
ACTGGTCCATTACTGACGCTGAGGTGCGAAAGCGTGGGGAGCAAACAGGATTAGATA
CCCTGGTAGTCCACGCCGTAAACGATGAATGTTAGCCGTCGGGCAGTATACTGTTCGG
TGGCGCAGCTAACGCATTAAACATTCCGCCTGGGGAGTACGGTCGCAAGATTAAAAC
TCAAAGGAATTGACGGGGGCCCGCACAAGCGGTGGAGCATGTGGTTTAATTCGAAG
CAACGCGCAGAACCTTACCAGCCCTTGACATGCCCGGCGACCTGCAGAGATGCAGG
GTTCCCTTCGGGGACCGGGACACAGGTGCTGCATGGCTGTCGTCAGCTCGTGTCGTG
AGATGTTGGGTTAAGTCCCGCAACGAGCGCAACCCTCGCCCTTAGTTGCCAGCATTT
GGTTGGGCACTCTAAGGGGACTGCCGGTGATAAGCCGAGAGGAAGGTGGGGATGAC
GTCAAGTCCTCATGGCCCTTACGGGCTGGGCTACACACGTGCTACAATGGTGGTGAC
AGTGGGCAGCGAGCACGCGAGTGTGAGCTAATCTCCAAAAGCCATCTCAGTTCGGAT
TGCACTCTGCAACTCGAGTGCATGAAGTTGGAATCGCTAGTAATCGCGGATCAGCAT
GCCGCGGTGAATACGTTCCCGGGCCTTGTACACACCGCCCGTCACACCATGGGAGTT
GGTTTTACCCGAAGGTAGTGCGCTAACCGCAAGGAGGCAGCTAACCACGGTAGGGTC
AGCGACTGGGGTGAAGTCGTAACAAGGTAGCCGTAGGGGAACCTGCGGCTGGATCA
CCTCCTTT

（1）打开 BLAST 网站：https://blast.ncbi.nlm.nih.gov/Blast.cgi，进入工具主页面（图 10-1）。

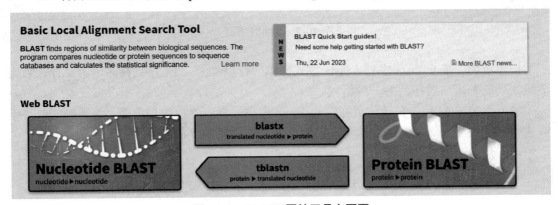

图 10-1　BLAST 网站工具主页面

注意：BLAST 里面的序列比对，是用一条序列去一个核酸数据库或者蛋白质数据库进行搜索，也可以将核酸序列翻译后再搜索。也就是：既可以直接搜索，也可以翻译后比对。

四个工具分别对应着不同的功能：

Nucleotide BLAST：用于核酸序列比对；

Protein BLAST：用于蛋白质序列比对；

blastx：先将需要搜索的核酸序列翻译成蛋白质序列，再在蛋白质序列数据库中进行比对；

tblastn：先将核酸序列数据库翻译成蛋白质序列数据库，再用搜索的蛋白质序列进行比对。

（2）根据自己要进行比对的序列的类型，选择适合的 blast。这里我们用的是一段核酸序列，我们只想查一下这条序列是否有相关的注释信息，所以用的是 nucleotide blast。点击 nucleotide blast（blastn），进入页面（图 10-2）。

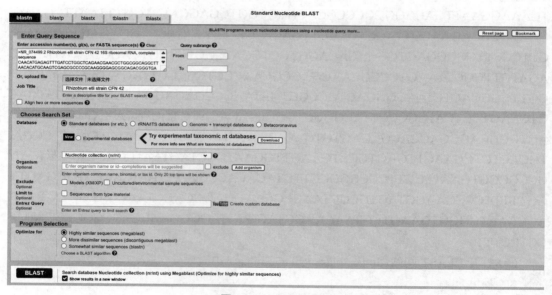

图 10-2 blastn 页面

按照页面，提交 fasta 序列。fasta 格式即第一行以 ">" 加上序列命名，第二行之后为核酸序列或者蛋白质序列的一种格式。

（3）点击 blast 后，在转跳页面等待 1 min 左右，直到弹出信息页面。等待时间取决于搜索的序列长度、算法和数据库等。下面就是详细结果的界面（图 10-3）：

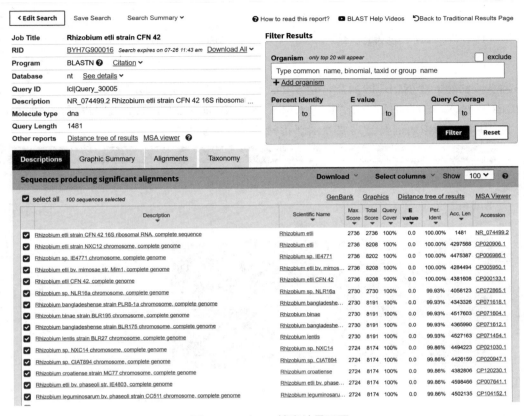

图 10-3　blastn 搜索结果页面

Description：比对到的相似序列的基本信息；

Graphic Summary：用图画的形式表现出与相似序列的比对结果；

Alignment：序列比对的结果/情况。包括一致度、相似度、序列长度等；

Taxonomy：这些相似序列在物种上的分类。

然后我们要注意以下几个参数：

Scientific Name 是这条相似序列所在的物种，如我们搜索的这条正是茶树植物的，所以是 camellia sinensis，而 query cover 是指我们搜索的序列与这条序列的匹配程度（覆盖度），E 值反映序列比对的可信度，E 值越小，可信度越高。Per.Ident 是序列比对的一致度。Accession 是这条相似序列在数据库的编号（登录号），直接在 NCBI 上用这个编号搜索就能找到这条序列的注释信息。系统在序列比对后，一般默认以 E 值的大小排列，数值越小越靠前，可信度越高。所以，我们可以认为要找的这条序列就是第一条相似序列。

以上是 NCBI 进行序列比对后，查找相关序列注释的基础方法。当然，NCBI 功能十分强大，不仅是用来作序列比对，还可以查找相关的蛋白结构（链接到 PDB），寻找蛋白结构域、基因家族、基序等。

10.4 NCBI 上传原始数据

首先，创建一个 NCBI 的账户，申请方法十分简单，点击 NCBI 网页右上角的 "Sign in to NCBI"，进入新的页面后点击 "Register for an NCBI account"，然后按照提示申请账户即可（图 10-4）。新申请的账号需要登录邮箱验证后才能提交。

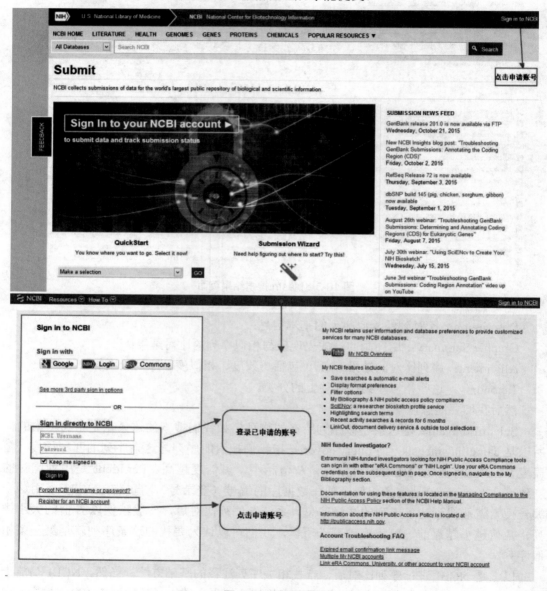

图 10-4 申请账号

准备需要上传的原始数据，为 FQ 文件格式（图 10-5）。

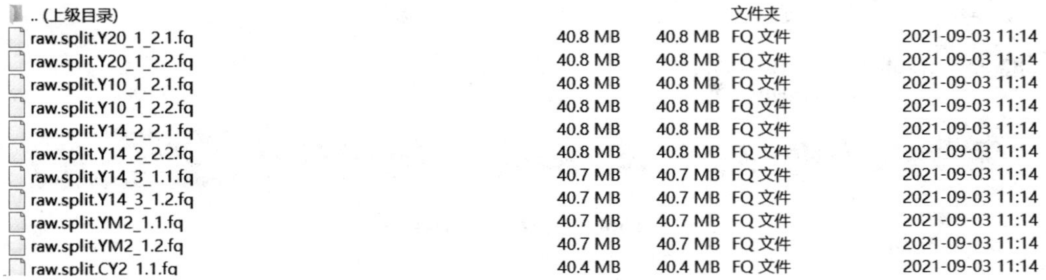

.. (上级目录)			文件夹	
raw.split.Y20_1_2.1.fq	40.8 MB	40.8 MB	FQ 文件	2021-09-03 11:14
raw.split.Y20_1_2.2.fq	40.8 MB	40.8 MB	FQ 文件	2021-09-03 11:14
raw.split.Y10_1_2.1.fq	40.8 MB	40.8 MB	FQ 文件	2021-09-03 11:14
raw.split.Y10_1_2.2.fq	40.8 MB	40.8 MB	FQ 文件	2021-09-03 11:14
raw.split.Y14_2_2.1.fq	40.8 MB	40.8 MB	FQ 文件	2021-09-03 11:14
raw.split.Y14_2_2.2.fq	40.8 MB	40.8 MB	FQ 文件	2021-09-03 11:14
raw.split.Y14_3_1.1.fq	40.7 MB	40.7 MB	FQ 文件	2021-09-03 11:14
raw.split.Y14_3_1.2.fq	40.7 MB	40.7 MB	FQ 文件	2021-09-03 11:14
raw.split.YM2_1.1.fq	40.7 MB	40.7 MB	FQ 文件	2021-09-03 11:14
raw.split.YM2_1.2.fq	40.7 MB	40.7 MB	FQ 文件	2021-09-03 11:14
raw.split.CY2_1.1.fq	40.4 MB	40.4 MB	FQ 文件	2021-09-03 11:14

图 10-5　原始数据文件格式

为研究申请一个 BioProject 号，格式为 PRJNA*****，申请链接为：https://submit.ncbi.nlm.nih.gov/subs/bioproject/，登录 BioProject 界面（图 10-6），点击"New submission"。

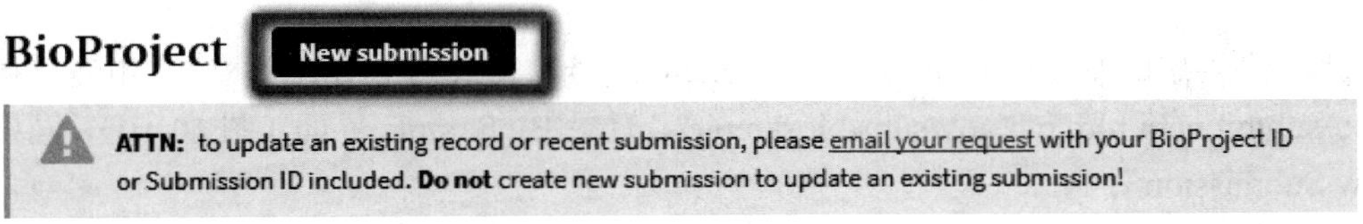

图 10-6　BioProject 界面

填写提交人信息：*号必填，填完后点击"Continue"（图 10-7）。

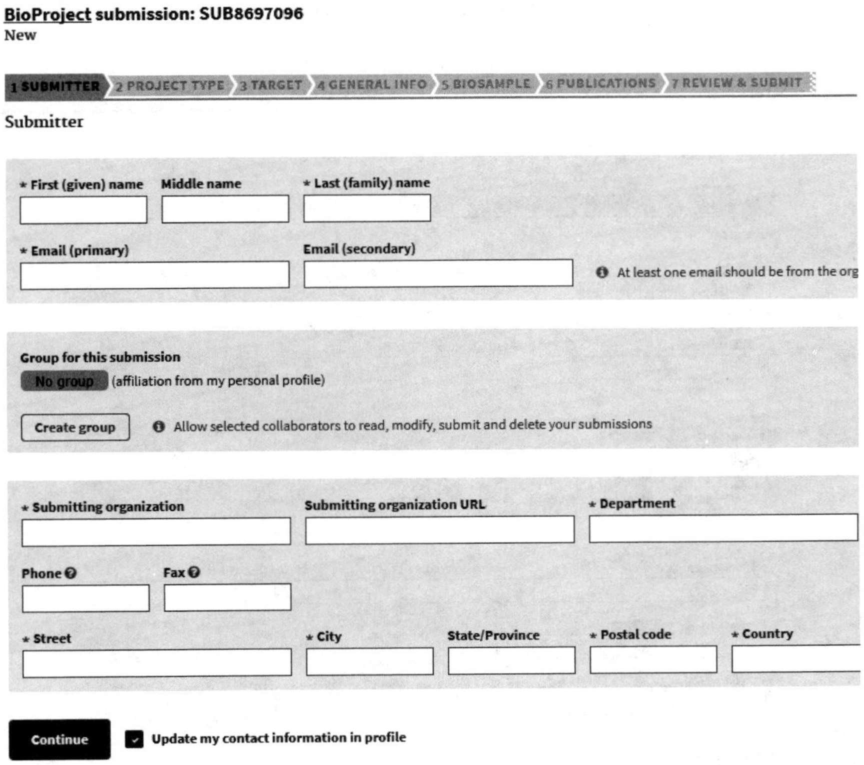

图 10-7　BioProject 提交人信息填写

按提示一一填写完成后，仔细检查并提交（图 10-8）。

图 10-8　BioProject 号申请

一般 1～2 个工作日后 BioProject 上传成功格式为 PRJNA****（图 10-9）。

图 10-9　BioProject 号申请成功

接下来为您的生物样本申请一个 BioSample 号，格式为 SAMN*****，申请链接为：https://submit.ncbi.nlm.nih.gov/subs/biosample/，登录 BioSample 界面（图 10-10），同样点击"New Submission"。

图 10-10　BioSample 号申请

填写提交人信息：*号必填，填完后点击"Continue"（图 10-11）。

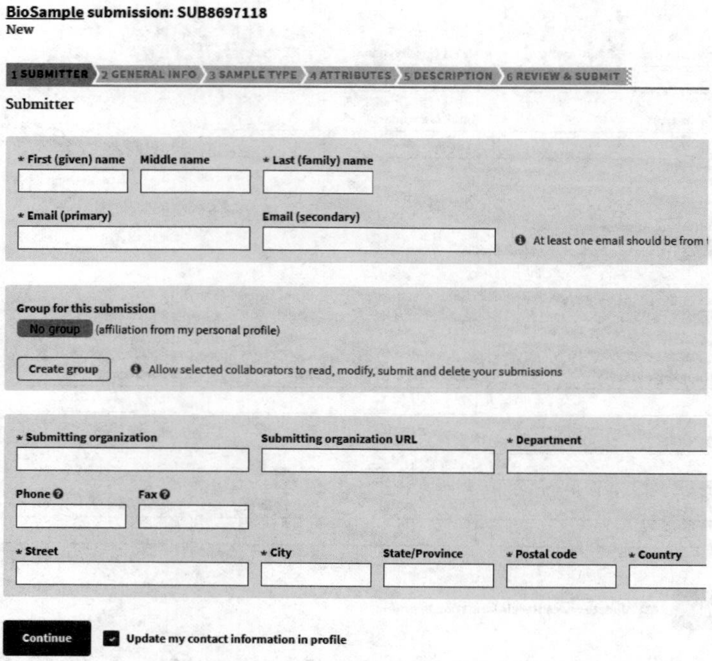

图 10-11　BioSample 提交人信息填写

填写过程注意释放日期和测序样品类型的选择，每一步具体参照网页描述选择，按提示一一填写完成后，在第 4 步"Attributes"界面下载 BioSample 模板表格（图 10-12）。

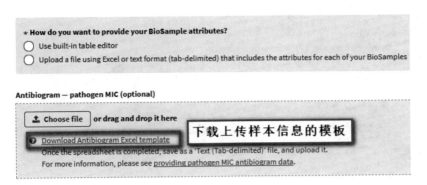

图 10-12 下载 BioSample 模板表格

打开下载的模板表格，填写前阅读上方的注意事项！按要求根据自己的样品信息一一填写完成后要改为 tsv 格式上传（图 10-13）。

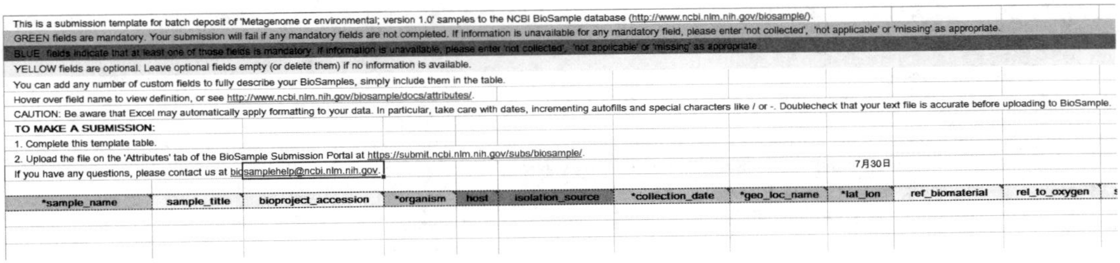

图 10-13 BioSample 模板表格

填写完成后，在第 6 步仔细核查提交信息，然后点击 Submit 提交。BioSample 申请成功格式为 SAMN****（图 10-14）。

图 10-14 提交申请

接下来创建 SRA（图 10-15）提交：https://www.ncbi.nlm.nih.gov/Traces/sra_sub/。

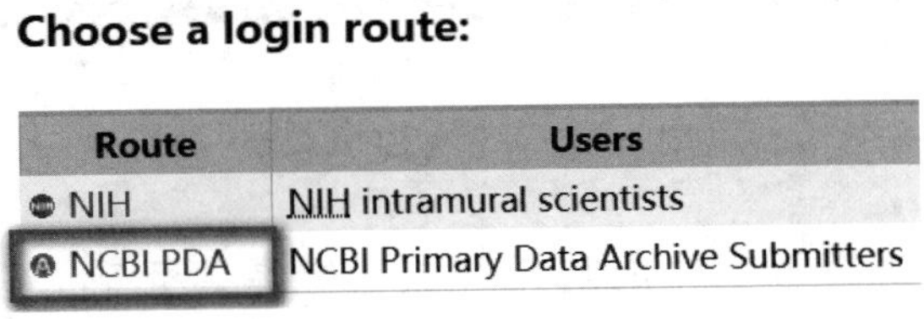

图 10-15 创建 SRA

点击"Create new submission",填写提交人信息:*号必填,填完后点击"Continue";下一步勾选"Yes",并填写申请的 BioProject 号(图 10-16)。数据释放日期建议文章发表前不要释放。

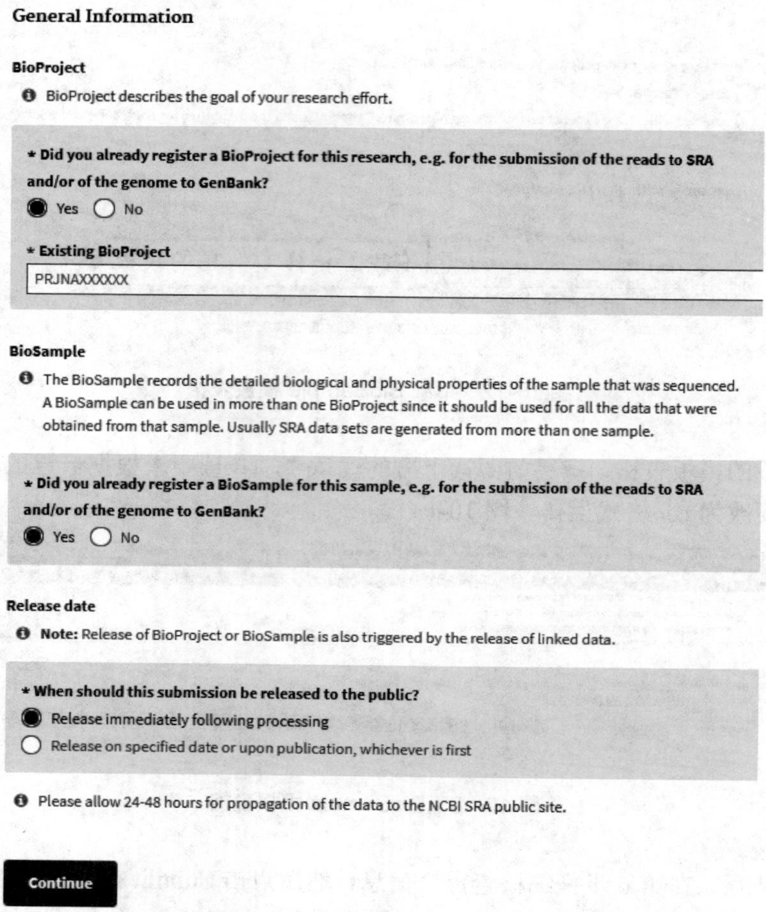

图 10-16 SRA 数据提交

接下来在第三步和第四步,分别下载模板及上传样品原始数据(图 10-17)。

图 10-17 下载 SRA 模板

最后核查您的数据是否上传成功,释放日期是否正确,需要修改请邮件联系 sra@ncbi.nlm.nih.gov。

第 11 章　Linux 系统入门及编程基础

11.1　Linux 系统概述及 Ubuntu 子系统安装方法

  Linux 操作系统是目前发展最快的操作系统之一。从 1991 年诞生到现在的 30 多年时间，Linux 中的 Ubuntu 从开始的 4.10 版本到目前的 2.6.20.10 版本经历了 20 多年的发展，成为在服务器、嵌入式系统和个人计算机等多个方面得到广泛应用的操作系统，在服务器、嵌入式等方向获得了长足的进步，并在个人操作系统方面有着大范围的应用，这主要得益于其开放性。在 Linux 操作系统的诞生、成长和发展过程中，5 个方面起了重要的作用：UNIX 操作系统、Minix 操作系统、GNU 计划、POSIX 标准和 Internet 网络。

  从应用角度来看，Linux 系统分为内核空间和用户空间两个部分。内核空间是 Linux 操作系统的主要部分，但是仅有内核的操作系统是不能完成用户任务的。具有丰富并且功能强大的应用程序包是一个操作系统成功的必要条件。Linux 的内核主要由 5 个子系统组成：进程调度、内存管理、虚拟文件系统、网络接口、进程间通信。下面依次介绍这 5 个子系统。

  进程调度（SCHED）：无论是在批处理系统还是分时系统中，用户进程数一般都多于处理机数，这将导致它们会互相争夺处理机。另外，系统进程也同样需要使用处理机。这就要求进程调度程序按一定的策略，动态地把处理机分配给处于就绪队列中的某一个进程，以使之执行。Linux 使用了比较简单的基于优先级的进程调度算法来选择新的进程。

  内存管理（MMU）：嵌入式系统可包含多种类型的存储器件，如 FLASH、SRAM、SDRAM、ROM 等，这些不同类型的存储器件速度和宽度等各不相同；在访问存储单元时，可能采取平板式的地址映射机制对其操作，或需要使用虚拟地址对其进行读写；系统中需引入存储保护机制，以增强系统的安全性。为适应如此复杂的存储体系要求，ARM 处理器中引入了存储管理单元来管理存储系统。

  虚拟文件系统（VFS）：Linux 中允许众多不同的文件系统共存，如 ext2、ext3、vfat 等。通过使用同一套文件 I/O 系统调用即可对 Linux 中的任意文件进行操作而无须考虑其所在的具体文件系统格式；更进一步，对文件的操作可以跨文件系统而执行。而虚拟文件系统正是实现上述两点 Linux 特性的关键所在。虚拟文件系统（Virtual File System、VFS）是 Linux 内核中的一个软件层，用于给用户空间的程序提供文件系统接口；同时，它也提供了内核中的一个抽象功能，允许不同的文件系统共存。系统中所有的文件系统不但依赖 VFS 来共存，而且也依靠 VFS 来协同工作。

  网络接口：在 Linux 中，网络接口配置文件用于控制系统中的软件网络接口，并通过这些接口实现对网络设备的控制。当系统启动时，系统通过这些接口配置文件决定启动哪些接口，以及如何对这些接口进行配置。在所有的网络接口中，人们最常用到的接口类型就是以太网接口。

进程间通信：进程间通信就是指在不同进程之间传播或交换信息。进程的用户空间是互相独立的，一般而言是不能互相访问的，唯一的例外是共享内存区。另外，系统空间是"公共场所"，各进程均可以访问，所以内核也可以提供这样的条件。此外，还有双方都可以访问的外设。在这个意义上，两个进程当然也可以通过磁盘上的普通文件交换信息，或者通过"注册表"或其他数据库中的某些表项和记录交换信息。广义上这也是进程间通信的手段，但是一般都不被算作"进程间通信"。

11.2 Linux 系统实战安装教程

通过在官网（https://www.centos.org/download/）下载相应版本，一般推荐下载标准安装版（CentOS-7.0-x86_64-DVD-1503-01.iso）。首先，需要使用光驱或 U 盘对已下载的 Linux ISO 文件进行安装，界面说明如下。

（1）Install or upgrade an existing system，安装或升级现有的系统；

（2）Install system with basic video driver，安装过程中采用基本的显卡驱动；

（3）Rescue installed system，进入系统修复模式；

（4）Boot from local drive，退出安装从硬盘启动；

（5）Memory test，内存检测。

一般选用（2）方式安装，随后点击"Skip"，此时出现引导界面，点击"Next"，在跳出的界面中选中"English（English）"，否则会有部分乱码问题，键盘布局选择"US English"，随后选择"Basic Storage Devices"，再点击"Next"，当询问是否忽略所有数据，新计算机安装系统选择"Yes，Discard any Data"，Hostname 填写格式"英文名. 姓"，之后的网络设置安装图示顺序点击即可；时区可以在地图上点击，如选择"Shanghai"并取消"System clock uses UTC"，接着设置 Root 的密码；对于硬盘分区，一定要勾选"Use All Space"和"Review and Modify Partitioning Layout"，调整分区时，必须要有"/home"这个分区，如果没有这个分区，安装部分软件会出现不能安装的问题，询问是否格式化分区，需将更改写到硬盘，引导程序安装位置；最重要的一步，也是安装过程最关键的一步，一定要先点击"minimal Desktop"，再点击下面的"Customize now"，接着取消 Applications、Base System 和 Servers 内容的所有选项，并对 Desktops 进行如下设置。取消选项 Desktop Debugging and Performance Tools、Desktop Platform 和 Remote Desktop Clients，而 Input Methods 中仅保留"ibus-pinyin-1.3.8-1.el6.x86_64"，其他的全部取消；接下来选中"Languages"，并选中右侧的"Chinese Support"然后点击"Optional Packages"；调整完成后勾选第 2 项、第 3 项和第 7 项，至此，一个精简的桌面环境就设置完成，安装完成后重启。重启后，在 License Information 界面点击"Yes"，在"Create User"界面的"Username"填写"英文名（不带姓）"，"Full Name"填写"英文名. 姓"（首字母大写），在"Date and Time"界面选中"Synchronize Data and Time Over the Network"，点击"Finsh"后系统将重启。第一次登录，登录前不要做任何更改，登录后立刻退出。第二次登录，选择语言，在底部选"Other"，选中"汉语

（中国）"。登录后，请先点击"不要再问我（D）"，再点击"保留旧名称（K）"，最后 CentOS 安装完成。

11.3 文件和目录基本操作命令

11.3.1 文件

Linux 中，文件基本操作命令包括文件内容的浏览，文件的复制、移动、删除和建立等操作，它们通过 cp、mv、rm、touch 等命令实现相应的操作。

（1）cp 命令：当需要进行文件或者目录复制时，可以使用 cp 命令。cp 命令用来将一个或多个源文件或者目录复制到指定的目的文件或目录。cp 命令还支持同时复制多个文件，当一次复制多个文件时，目标文件参数必须是一个已经存在的目录，否则将出现错误。命令格式：cp file1.txt file2.txt，将 file1 复制到 file2。

（2）mv 命令：使用 mv 命令可以移动或者重命名文件或者目录。mv 命令不会影响移动或改名的文件或目录的内容。mv 命令和 cp 命令的区别是，mv 命令执行完成后只有一份数据，而 cp 命令执行完成后有两份同样的数据。命令格式：mv file1.txt newname.txt，将 file1 重命名为 newname。

（3）rm 命令：当文件和目录已经没有作用时，就需要删除它们以便释放磁盘空间。Linux 中 rm 命令可以永久地删除文件或目录。对于链接文件，只是删除整个链接文件，而原有文件保持不变。命令格式：rm file.txt，删除 file.txt 文件。

（4）mkdir 命令：是 Linux 系统下的一个用于创建目录的命令。命令格式：mkdir mydir，创建名为 mydir 的新目录。

（5）rmdir 命令：是 Linux 系统下的一个用于删除空目录的命令。命令格式：rmdir mydir，删除名为 mydir 的空目录。

（6）chmod 命令：是 Linux 系统下的一个用于改变文件或目录权限的命令。命令格式：chmod 644 file.txt，将文件 file.txt 设置为所有者可读写而其他人只能读取。

（7）grep 命令：是 Linux 系统下的一个用于搜索字符串的命令。命令格式：grep "example" file.txt，在 file.txt 文件中查找 example 字符串。

（8）touch 命令：touch 命令有两个功能：一是用于把已存在文件的时间标签更新为系统当前的时间（默认方式），它们的数据将原封不动地保留下来；二是用来创建新的空文件。命令格式：touch file.txt，更改 file.txt 文件的访问和修改时间戳，如果不存在则创建该文件。

11.3.2 目录

目录是一种特殊类型的文件。Linux 系统通过目录将系统中所有的文件系统分级、分层组织在一起，形成了 Linux 文件系统的树形层次结构。本实验主要讲述 Linux 系统下的主要目录及这些目录的作用。

（1）/：根目录，对于一个 Linux 系统来说，有且只能有一个根目录，所有内容都是从根目录开始的。

（2）/bin：存放 Linux 的常用命令，大部分命令都是以二进制文件的形式保存。

（3）/sbin：和/bin 类似，这些文件往往用来进行系统管理，只有 Root 用户可使用。

（4）/dev：dev 是设备（Device）的英文缩写，存放所有与设备有关的文件。

（5）/home：存放每个普通用户的家目录。每个用户都有自己的家目录，位置为"/home/用户名"。

（6）/lib：是库（Library）英文缩写，存放系统的各种库文件。

（7）/etc：系统的一些主要配置文件几乎都放在该目录下，普通用户可以查看这个目录下的文件，但是只有 Root 用户可以修改这些文件。

（8）/proc：系统运行时可以在这个目录下获取进程信息和内核信息，如 CPU、硬盘分区、内存信息等。

（9）/tmp：指临时目录，普通用户或者程序可以将临时文件存入该目录以方便其他用户或程序交互信息。该目录是任何用户都可以访问的。

（10）/var：通常各种系统日志文件、收发的电子邮件等经常变化的文件放在这里。

（11）/root：超级用户的个人目录，普通用户没有权限访问。

对于目录操作命令有以下两种。一是 mkdir 命令。mkdir 用于创建目录。命令格式：mkdir [-m][-p] 目录名。二是 rmdir 命令。当目录不再被使用时，可以使用 rmdir 命令从文件系统中将其删除。该命令从一个目录中删除一个或多个空的子目录。命令格式：rmdir [-p] 目录名。

第 12 章 R 语言入门及编程基础

12.1 R 语言概述

R 编程语言,也被称为 R,是数据分析、可视化和统计的强大工具。它是一种开源语言,最初由统计学家设计,用于统计分析和数据可视化任务。R 具有高度的通用性,已经越来越受到全世界数据科学家和研究人员的欢迎。由于其强大和灵活的数据处理和可视化能力,它是许多数据分析人员和研究人员的首选语言。

R 的主要特点:首先是它所提供的广泛的数据操作和分析能力。R 允许用户快速有效地导入、转换、总结和可视化数据。此外,它还包括一个庞大的包和函数库,可以进一步扩展其功能。这些包和函数为用户提供了不属于基本 R 安装范围的额外功能。这种灵活性使 R 能够与不同类型的数据源和数据库系统集成,使其成为数据处理和操作的有力工具。

其次是其图形功能。R 内置支持创建高质量的可定制的图形输出,使其成为数据可视化的理想工具。R 的图形功能是高度可定制的,允许用户创建具有广泛属性的视觉吸引力和信息量的图,如颜色、大小和形状等。这些功能使 R 成为需要为数据交流目的创建静态或互动图表的专业人士的理想工具。

再次,它是一种为统计分析和建模而设计的编程语言。因此,它提供了广泛的统计方法来分析数据。其统计能力包括回归分析、假设检验、聚类、时间序列分析、因子分析等技术。R 允许用户快速而轻松地进行复杂的统计分析,使其成为经济学、生物学、心理学和社会学等不同领域研究人员的理想工具。

最后,是它能够支持可复制的研究。可复制的研究是指提供原始数据、分析和结果的概念,可以由其他人复制以验证研究结果。R 提供的工具,如 R Markdown 和 Sweave,可以帮助用户创建包括代码和文本的文档,使之有可能传达整个分析过程和结果。这一功能非常有益,尤其是对学术研究人员来说,因为它促进了研究的透明度,支持与他人分享研究和发现。

在数据科学和研究领域,R 作为统计分析和数据可视化的首选编程语言之一,正在稳步发展。凭借其多功能性、灵活性以及大量的软件包和功能,该语言在探索、建模和总结数据时为用户提供了巨大的力量。

12.2 R 和 RStusio 安装教程以及开发环境

12.2.1 R 的下载与安装

R 程序是 R 语言核心团队免费提供给大家的，我们只需要访问 R 的网站 https:/www.r-project.org/。官网页面如图 12-1 所示，点击页面中的"download R"。

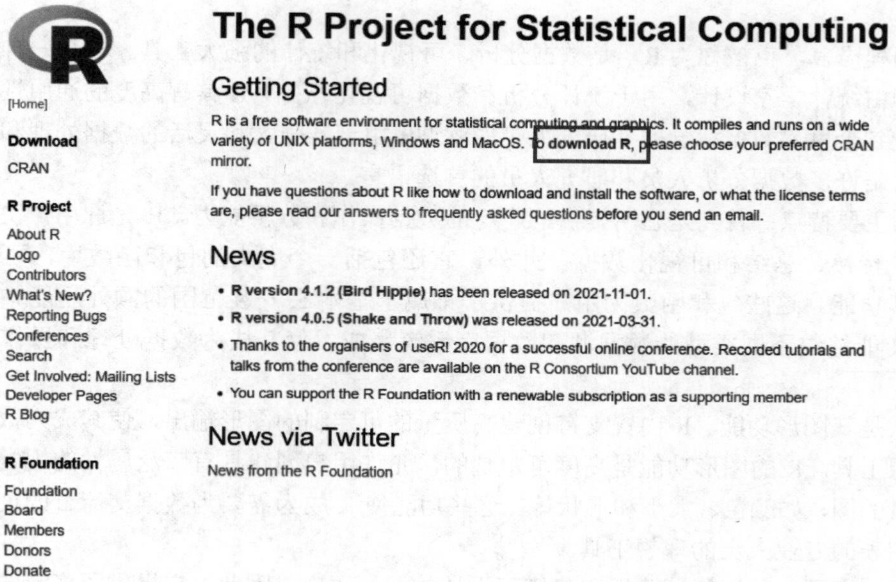

图 12-1 R 语言官网页面

然后，进入一个"CRAN Mirrors"页面。"CRAN Mirrors"是 R 语言的镜像站点，方便用户快速、稳定地下载所需软件包或 R 语言本体在全球范围内的镜像副本。通过使用较近的站点进行下载，可以提高下载速度和稳定性。下拉页面找到 China 的所有镜像地址，选择任意一个地址都可以进行后续操作。本书以第一个镜像地址为例（图 12-2）。

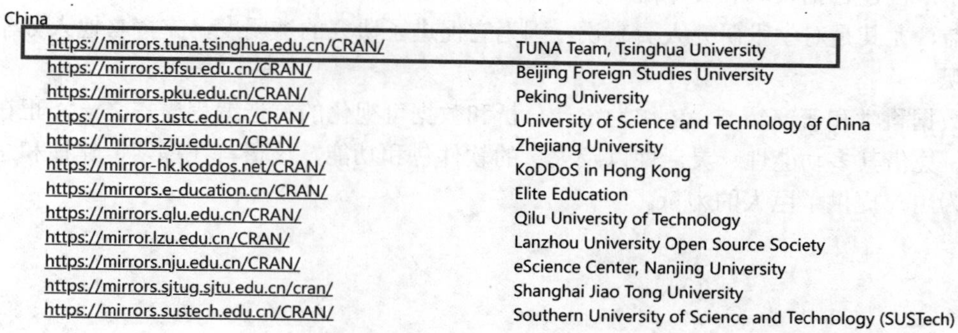

图 12-2 "CRAN Mirrors"页面

点击后，进入 R 的下载页面。R 为广大用户提供了三种版本的选择，分别适用于 Linux、MacOS 和 Windows 系统，用户可以根据自己使用的计算机系统类型下载相应的版本。本书以下载 Windows 版本的 R 程序为例（图 12-3）。

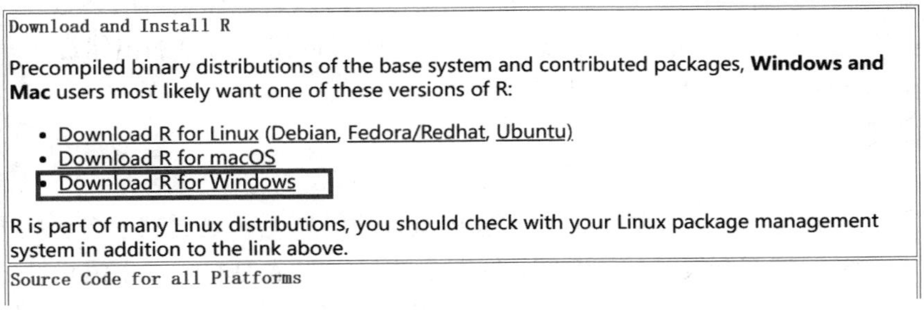

图 12-3　"The Comprehensive R Archive Network"页面

点击"Download R for Windows"后，进到一个新页面，再点击"install R for the first time"（图 12-4）。

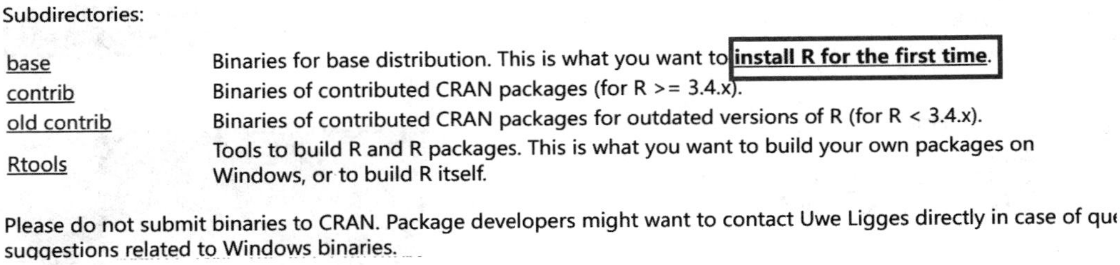

图 12-4　"R for Windows"页面

最后点击"Download R-4.2.3 for Windows"（图 12-5）。

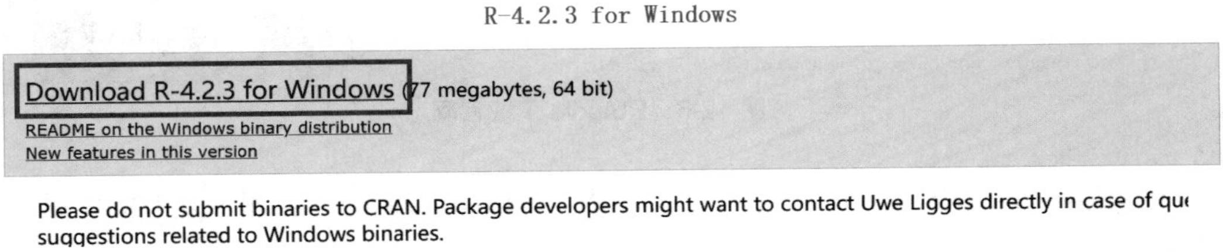

图 12-5　R-4.2.3 for Windows 页面

下载完成后，得到一个"R-4.2.3-win.exe"的可执行文件，双击 exe 文件，跳出安装向导，跟着向导操作即可完成安装操作。安装之后会发现安装目录下有多个文件，其中以下几个文件需要注意：
- bin：这里包含 R 的可执行文件，如果需要在命令行运行 R，需要手动将该路径添加到 PATH 环境变量。
- library：这里包含所有的 R 包，一个文件夹对应一个包，每个包对应一个功能模块。

第一次安装后该文件夹中只包含基础包，此后安装第三方包也会默认装到该文件夹。

- etc：这里包含某些设置文件，比如 Rprofile.site 文件中可以写入一些 R 代码，将会在启动 R 之前运行该代码。Rconsole 文件内可以设置控制台的参数，常用的修改是将语言设置为英语："language=en"。这样可以使得命令的出错提示是英文，在网络上能搜索到更丰富的结果。

12.2.2　RStudio 的下载与安装

R 语言充满了魅力，有无数的程序员为 R 语言的发展无私地贡献了自己的力量。他们为 R 编写了大量的集或开发环境（IDE），现在公认最好的是 JJAllaire 小组设计的 RStudio。本书中的例子使用 RStudio 来完成，下面来完成 RStudio 的下载与安装。可以在 RStudio 的官网（https://www.rstudio.com/）中下载需要的 RStudio 版本。官网页面如图 12-6 所示，点击右上角的"DOWNLOAD RSTUDIO"。

图 12-6　RStudio 下载官网

进入"RStudio Download"页面后，下拉找到"RStudio Desktop"，点击下方"DOWNLOAD RSTUDIO"（图 12-7）。

第三部分　土壤微生物群落研究分析过程 | 99

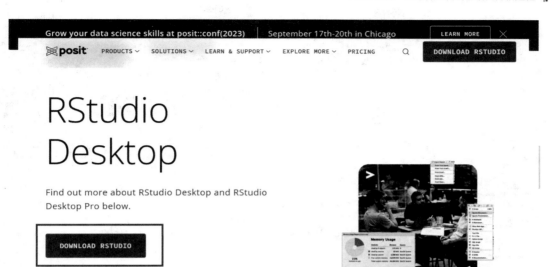

图 12-7　"RStudio Download"页面

最后点击"2：Install RStudio"（图 12-8）。成功下载需要的 RStudio 程序后，按照安装向导将 RStudio 安装到指定目录中。需要注意的是，RStudio 安装成功的前提条件是已经成功安装了 R 程序，也就是说 RStudio 需要 R 程序来支持。

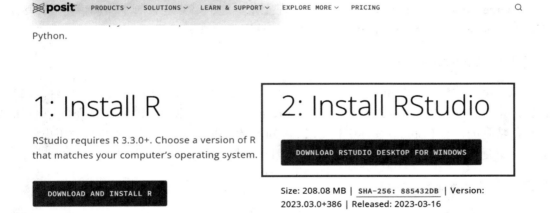

图 12-8　"RStudio Desktop Download"页面

12.2.3　RStudio 开发环境

安装并成功启动 RStudio 后，第一次打开 RStudio 可以看到 3 个区域。选择 File 标签中 NewFile 中的 RScript 创建一个新的 R 脚本，此时呈现出一个包含 4 个区域的 RStudio 窗体，这是 RStudio 程序常用的界面（图 12-9）。在这里简单介绍一下这四个区域。

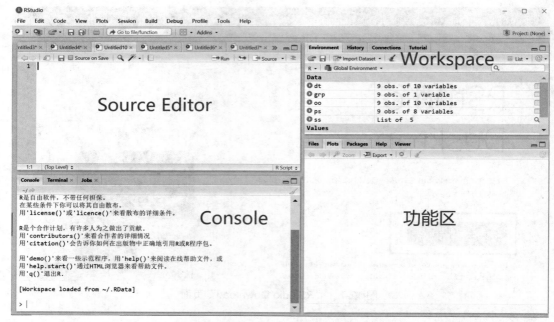

图 12-9　RStudio 编辑器界面

12.2.3.1　Source Editor 区域

Source Editor 区域位于 RStudio 窗体的左上角，这个部分是 R 脚本的编辑区，在这里可以编写 R 语言程序代码，也可以保存并运行编写好的 R 程序代码。

12.2.3.2　Console 区域

Console 区域位于 RStudio 窗体的左下角。这个区域是 R 语言的主界面，可以在此直接输入指令并获得执行结果。这部分功能与 R 语言类似，运用上下键可以切换上次运行的函数，特别的，在 RStudio 窗体中按 Ctrl 键+向上键可以显示最近运行的函数的历史列表。如果想重复运行前面刚运行过的程序，可利用该操作方式很方便地进行。

12.2.3.3　Workspace 区域

Workspace 区域位于 RStudio 窗体的右上角。该部分的核心标签为 Environment 标签和 History 标签。其中，Environment 标签可以用于查看当前 RStudio 环境中所存在的变量名称和变量值；History 标签可以用于查看在 Console 区域中所有执行过的指令。

12.2.3.4　功能区

功能区位于 RStudio 窗体的右下角。该部分包含 Files 标签、Plots 标签、Packages 标签、Help 标签等，部分标签的功能如下。

（1）Files 标签：这个区域可以对工作区的文件进行操作，可以显示工作区内的所有文件，单击"NewFolder"按钮可以新建文件，单击"Delete"按钮可以删除一个文件，单击"Rename"按钮可以对文件重命名。当然，做这些操作之前要先勾选被操作的文件前面的复选框。More 选项则提供了其他功能。

（2）Plots 标签：这个区域可以显示 Console 区域要求输出的图。

（3）Packages 标签：在这个区域可以看到当前 RStudio 的所有扩展包，单击包名，可以在 Help 区域中查阅选中扩展包的说明文档，同时也可以在这个区域下载并安装新的扩展包。

（4）Help 标签：在这个区域可以看到你希望看到的说明文档。

12.3 使用 R 命令的基础知识

12.3.1 getwd( )

获取当前 R 工作目录路径的命令。例如，在 R 中输入 getwd( )会返回当前 R 工作目录的路径。

12.3.2 setwd( )

改变文件位置的命令。该函数可以改变 R 工作目录。语法格式为 setwd("新的工作目录路径")，其中，新的工作目录路径请替换为您想要更改到的路径。例如，要将 R 工作目录更改为 "C:/Documents/Data"，则可以使用以下命令：setwd("C:/Documents/Data");

12.3.3 install.packages( )

安装 R 语言包的命令。语法格式为 install.packages("包名")，其中包名为需要安装的包的名称。例如，安装 ggplot2 包的命令为 install.packages("ggplot2")。

12.3.4 library( )

加载 R 语言包的命令。语法格式为 library(包名)，其中包名为已经安装的包的名称。例如，加载 ggplot2 包的命令为 library(ggplot2)。

12.3.5 help( )

查看 R 语言函数的帮助文档。语法格式为 help（函数名），其中函数名为需要查看的函数名称。例如，查看 ggplot2 包中的 geom_bar 函数文档的命令为 help(geom_bar)。

12.3.6 data( )

加载 R 语言自带的数据集。语法格式为 data(数据集名称)，其中数据集名称为需要加载的数据集的名称。例如，加载 R 语言自带的 iris 数据集的命令为 data(iris)。

12.3.7 ead.csv( )

读取 CSV 文件的命令。语法格式为 read.csv("文件路径")，其中文件路径为 CSV 文件在电脑中的路径。例如，读取名为 data.csv 的 CSV 文件的命令为 read.csv("data.csv")。

12.3.8 save.image( )

将当前环境中的变量和对象保存在磁盘上的命令。以 .RData 的形式存储。语法格式为 save.image(file = "文件路径")，其中 file 参数指定要保存 .RData 文件的完整路径和名称。例如，以下命令将保存名为 my_data.RData 的 .RData 文件：save.image(file = "C:/my_folder/my_data.RData")。另外，如果你没有指定一个文件路径，save.image( ) 函数会默认将 .RData 文件保存在你的工作目录下。

12.3.9 ls( )

列出您当前环境中的所有对象的命令。这些对象可以是数据集、变量、函数或其他在您的 R 会话中创建的任何对象，语法格式就是 ls( )。ls( ) 函数没有任何参数，只需输入该命令即可列出当前环境中的所有对象。例如，当您在 R 控制台中键入以下命令时：ls( )，R 会在控制台中列出（您所创建）的所有对象名称。例如，如果您先前定义了一个名为 my_data 的数据框，并且已经在当前环境中载入，在输入 ls( ) 命令后，R 将输出 my_data 的名称。如果在当前环境中没有定义对象，则 ls( ) 函数不会返回任何值。此外，您可以通过传递一个模式参数来显示匹配某个特定模式的对象。例如，如果您只想查看特定类型的对象，比如名字包含 data 的数据框，可以使用以下命令：ls(pattern = "data")，这将显示您当前环境中所有包含字符串"data"的数据框名字。

12.3.10 summary( )

查看 R 语言数据的描述性统计信息。它可以生成数据的描述性统计量，如均值、中位数、最大值、最小值等。语法格式为 summary（对象名称），其中对象名称为需要查看的数据框或向量的名称。例如，查看名为 data 的数据框的描述性统计信息的命令为 summary(data)。

12.3.11 plot( )

绘制 R 语言数据的基本图形。语法格式为 plot(x,y)，其中 x 和 y 为需要绘制的数据向量或数据框。例如，绘制两个向量 x 和 y 的散点图的命令为 plot(x,y)。

12.3.12 lm( )

进行 R 语言线性回归分析的命令。语法格式为 lm(formula, data)，其中 formula 为回归公式，data 为回归数据框。例如，对名为 data 的数据框进行一元线性回归的命令为 lm(y~x, data = data)。

12.3.13 t.test( )

进行 R 语言单样本或双样本 t 检验的命令。语法格式为 t.test(x) 或 t.test(x, y)，其中 x 和 y 分别为单样本或双样本的数据向量。例如，对单样本数据向量 x 进行 t 检验的命令为 t.test(x)。

12.3.14 cor( )

查看 R 语言数据的相关系数矩阵。语法格式为 cor(数据框)，其中数据框为需要查看相关系数矩阵的数据框。例如，对名为 data 的数据框进行相关系数矩阵分析的命令为 cor(data)。

第 13 章　微生物群落研究分析

13.1　微生物群落研究的重要性

微生物已经在地球上居住了超过 34 亿年,是自然界中最主要的生物体,然而这种微生物资源仍然没有得到很好地开发,因此希望更好地了解土壤微生物群落的生物多样性和生态学。

到 2050 年,全球粮食产量需要增加 70%,才能养活世界人口。然而人为活动使土壤环境的物理化学和生物状况恶化,从而导致土壤生产力和肥力严重下降。此外,一些农业实践在生态上的可持续性较差,由于许多非生物和生物胁迫,预计粮食产量将下降,这种情况可能会因气候变化而加剧。利用与作物物种有关的微生物被认为是保证粮食安全的可持续方法之一。土壤微生物有助于维持作物农业系统的土壤健康,土壤微生物组显示了一系列的生物,尽管细菌、古细菌和真菌吸引了更多的研究关注。细菌和古细菌是土壤中的主要微生物,在生物地球化学循环中起着重要作用,有助于维持生物圈的平衡和完整性。促进植物生长的根际细菌(PGPR)构成了一组多样化的微生物,除了促进植物生长外,还具有产生各种化学物质的重要能力,这些化学物质还可以保护植物免受病原体的侵害。由于产生有助于溶解营养物质的激素和酶,PGPR 引起了人们的极大兴趣,了解 PGPR 有助于可持续农业的发展。古细菌的栖息地广泛,主要通过改善养分吸收和保护植物免受非生物胁迫来促进植物生长。它们可以通过铁载体、磷溶解、吲哚乙酸、固氮、氨氧化和硫循环促进植物生长。古细菌还通过参与养分循环、植物激素生物合成和植物胁迫释放来促进农业生态系统功能的发挥。此外,土壤真菌也是土壤中最重要的生物成分之一,在几个生态过程中起着至关重要的作用,其中一些可以显著影响土壤和植物健康,具有重要的生态意义,如木霉属,是土壤中常见的自由生活物种,可以与植物的一部分(如根)建立内生关联。丛枝菌根真菌(AMF)也通过改变植物与土壤生态系统中其他生物群的相互作用而发挥重要作用,包括养分的吸收和转移,植物生长的改善以及土壤环境的改变。土壤微生物群落是一个复杂的网络,具有受许多因素影响的多功能相互作用。土壤群落和生物多样性的变化可能会损害生态系统的功能和可持续性。多样性的丧失通常会降低功能,对土壤肥力和生产力产生负面影响。低多样性,特别是当缺乏一些特殊的微生物分类群时,可能对生态系统造成问题。因此,了解土壤微生物群落结构组成和功能,对于可持续农业和生态系统的健康至关重要。

微生物群落经常使用各种分子生物学方法进行研究。事实上,通过使用培养基(通常称为培养组学)分离微生物菌株进行的研究可以鉴定给定土壤样品中存在的非常小比例的微生物物种,但由于培养或直接观察某些土壤微生物比较困难,这也是一项具有挑战性的工作。

因此，许多这些微生物群落尚未得到很好的表征。一些研究试图表征农业生态系统的微生物组，以更好地了解土壤微生物的多样性，然而土壤微生物群落的组成主要受植物种类和土壤类型的影响，土壤环境中的相互作用非常复杂，尤其是植物与土壤微生物之间的相互作用。

目前大多数研究仅依靠单一技术或工具来研究土壤微生物群落的组成或功能，其中一些研究仅提供理论推断，数据有限，因此给这些微生物的鉴定和表征带来了许多挑战。还存在 DNA 提取，PCR 和生物信息学中的潜在偏差相关的技术问题。有时，仅凭分子工具很难确定土壤环境中不同分类群的真实丰度和相互作用。

扩增子测序是一项广泛使用的技术，它能够提供高分辨率的分类信息、高灵敏度和高通量，使其成为这种应用的理想方法，有助于鉴定和表征一系列土壤微生物群落的组成和功能特征。例如，最近的一项研究使用扩增子测序来研究土地利用变化对土壤微生物群落的多样性和群落结构的影响。结果显示，土地利用的变化与土壤微生物多样性和结构的显著变化有关，如森林砍伐和农业集约化，了解这些变化有助于为支持土壤健康的土地管理实践提供信息，如减少耕作强度以促进微生物多样性和改善土壤结构。土壤微生物组分析中扩增子测序的另一个关键应用是对微生物功能的研究。通过识别土壤中存在的微生物类型及其相对丰度，扩增子测序可以深入了解土壤微生物群体的功能能力。例如，使用扩增子测序来研究细菌在土壤的氮循环中的作用。结果显示，某些细菌分类群在氮含量高的土壤中更为丰富，表明其在氮循环中的潜在作用。了解土壤微生物群落的功能能力对许多应用很重要，包括农业和生物修复。除了这些应用，扩增子测序也被用来研究土壤微生物与其环境的相互作用。土壤是一个复杂的生态系统，受到许多因素的影响，包括温度、湿度和 pH。通过测序微生物群落对这些环境因素变化的反应，研究人员可以深入了解土壤微生物如何应对和影响其环境。

总之，扩增子测序是分析土壤微生物群落结构和功能的一个强大工具，提供有关土壤微生物群落多样性和结构的准确信息，有利于我们了解土壤中有益微生物的丰度和分布规律，从而有针对性地选择有益土壤微生物提高土壤健康和肥力以及作物产量。因此，预计在未来几年，扩增子测序将成为研究土壤微生物组的一个越来越重要的工具。

13.2　微生物群落研究整体思路

扩增子测序是最近发展起来的一种环境 DNA 测序技术，它可以用于分析微生物群落的结构。主要步骤为：①DNA 提取：从环境样品中提取整体 DNA，这种提取获得的 DNA 代表了环境中的微生物总 DNA。②PCR 扩增：使用通用引物通过 PCR 反应扩增环境 DNA 样品中的细菌 16S rRNA 基因、真菌 ITS 区域或者其他标记基因。③文库构建：使用扩增片段构建 DNA 文库以进行高通量测序。常用的测序平台有 Illumina 平台等。④数据过滤：获得大量原始测序数据，需要对其进行过滤、剔除低质量和嵌合序列，得到高质量的序列数据以用于后续分析。⑤分类分配：将高质量序列根据相似度（通常97%）聚类为不同的 OTUs 或 ASVs，每个 OTU 或 ASV 代表一种环境微生物。⑥注释。将 OTUs 或 ASVs 序列与数据库比对，给每个 OUT 或 ASV 进行分类学注释，确定其可能的分类地位，如属和种。⑦群落结构分析：基于 OTUs 或 ASVs 信息，可以分析微生物群落的多样性，解析种间关系，理解群落的结构特征。⑧与环境变量相关联：对群落结构信息和环境变量信息进行关联分析，可以发现哪些环境因子驱动着微生物群落结构的变化。

一般来说，扩增子测序的文章总体架构包含丰富的内容和多种展示形式，重点报告高通量测序数据分析结果。包括原始数据统计表征数据质量，OTU聚类与分类评估分类覆盖面；计算Shannon、Simpson、Chao1指数等评价微生物群落的α多样性，并进行统计检验，可以量化微生物的丰富度及均匀度；对β多样性进行PCA或NMDS分析，观察不同样本之间微生物群落结构的差异性，这可以反映环境因子对群落结构的影响；门水平和属水平组成展示环境中微生物整体组成与优势种类。然后可以进行微生物相关网络分析，构建物种或OTU/ASV间的联结网络，这可以进一步揭示微生物种间的相互作用模式，如竞争或互利关系，理解微生物群落的联结特性。如果有环境因子数据，还会进行相关分析，探讨环境变化如何驱动微生物群落变化。

13.3　微生物群落研究的主要分析方法

13.3.1　α多样性

α多样性，主要关注局域均匀生境下的物种数目，因此也被称为生境内的多样性（within-habitat diversity）。单样品的多样性分析（α多样性）可以反映微生物群落的丰度和多样性，包括一系列统计学分析指数估计环境群落的物种丰度和多样性。α多样性常用的衡量指标有Chao、Ace、Shannon、Simpson。下面具体介绍这四种指标：

（1）Chao（the Chao1 estimator）：是用Chao1算法估计样品中所含OTU数目的指数，Chao1在生态学中常用来估计物种总数。计算公式如下：

$$S_{Chao1} = S_{obs} + \frac{n_1(n_1-1)}{2(n_2+1)}$$

式中，S_{Chao1}——估计的OTU数；

S_{obs}——观察的OTU数；

n_1——只有一条序列的OTU数（如singletons）；

n_2——只有两条序列的OTU数（如doubletons）。

Chao指数越大，OTU数目越多，说明该样本物种数比较多。

（2）Ace（the ACE estimator）：用来估计群落中OTU数目的指数，是生态学中估计物种总数常用的指数之一，与Chao1的算法不同。计算公式如下：

$$S_{ACE} = \begin{cases} S_{abund} + \dfrac{S_{rare}}{C_{ACE}} + \dfrac{n_1}{C_{ACE}}, & \text{for } \gamma^2_{ACE} < 0.8 \\ S_{abund} + \dfrac{S_{rare}}{C_{ACE}} + \dfrac{n_1}{C_{ACE}}, & \text{for } \gamma^2_{ACE} \geq 0.8 \end{cases}$$

$$C_{ACE} = \frac{n_1}{N_{rare}}$$

$$N_{\text{rare}} = \sum_{i=1}^{\text{abund}} i n_i$$

$$\gamma_{\text{ACE}}^2 = \max\left[\frac{S_{\text{rare}} \sum_{i=1}^{\text{abund}} i(i-1)_{n_i}}{C_{\text{ACE}} N_{\text{rare}}(N_{\text{rare}}-1)} - 1, 0\right]$$

$$\gamma_{\text{ACE}}^2 = \max\left[\gamma_{\text{ACE}}^2 \left\{1 + \frac{N_{\text{rare}}(1-C_{\text{ACE}})\sum_{i=1}^{\text{abund}} i(i-1)_{n_i}}{N_{\text{rare}}(N_{\text{rare}}-C_{\text{ACE}})}\right\}, 0\right]$$

式中，n_i——含有 n 条序列的 OTU 数；

S_{rare}——含有"abund"条序列或者少于"abund"条序列的 OTU 数；

S_{abund}——多于"abund"条序列的 OTU 数；

abund——优势 OTU 的阈值，默认为 10。

（3）Shannon（the Shannon index）：用来估算样品中微生物多样性的指数之一。它与 Simpson 多样性指数常用于反映 α 多样性。计算公式如下：

$$H_{\text{Shannon}} = -\sum_{i=1}^{S_{\text{obs}}} \frac{n_i}{N} \ln \frac{n_i}{N}$$

式中，S_{obs}——观察的 OTU 数；

n_i——只有 i 条序列的 OTU 数；

N——所有序列数。

Shannon 值越大，说明群落多样性越高。

（4）Simpson（the Simpson index）：用来估算样品中微生物多样性的指数之一，由 Edward Hugh Simpson（1949）提出，在生态学中常用来定量描述一个区域的生物多样性。计算公式如下：

公式一：$D_{\text{simpson}} = \dfrac{\sum_{i=1}^{S_{\text{obs}}} n_i(n_i-1)}{N(N-1)}$，此时，Simpson 指数越大，群落多样性越低；

公式二：$D_{\text{simpson}} = 1 - \dfrac{\sum_{i=1}^{S_{\text{obs}}} n_i(n_i-1)}{N(N-1)}$，此时，Simpson 指数越小，群落多样性越低；

式中，S_{obs}——观察的 OTU 数；

n_i——只有 i 条序列的 OTU 数；

N——所有序列数。

下面将介绍如何在 R 语言中进行 α 多样性分析及可视化。

13.3.1.1　工作目录设置及相关包安装、加载

```
1    rm(list=ls( ))#clear Global Environment
2    #设置工作目录
```

3   setwd('C:\\桌面\\α-diversity')
4   #安装包
5   install.packages("ggplot2")
6   install.packages("ggpubr")
7   install.packages("ggsignif")
8   install.packages("vegan")
9   install.packages("ggprism")
10   install.packages("picante")
11   install.packages("dplyr")
12   install.packages("RColorBrewer")
13   #加载包
14   library(ggplot2)
15   library(ggpubr)
16   library(ggsignif)
17   library(ggprism)
18   library(vegan)
19   library(picante)
20   library(dplyr)
21   library(RColorBrewer)

13.3.1.2　α多样性指数的计算

```
1    ##导入数据，所需是数据行名为样本名、列名为OTU×××的数据表
2    df <- read.table("otu.txt",header = T,row.names = 1,check.names = F)
3    #使用 vegan 包计算多样性指数
4    Shannon <- diversity(df,index = "shannon",MARGIN = 2,base = exp(1))
5    Simpson <- diversity(df,index = "simpson",MARGIN = 2,base = exp(1))
6    Richness <- specnumber(df,MARGIN = 2)#spe.rich =sobs
7    ###将以上多样性指数统计成表格
8    index <- as.data.frame(cbind(Shannon,Simpson,Richness))
9    tdf <- t(df)#转置表格
10   tdf <-ceiling(as.data.frame(t(df)))
11   #计算 obs，chao，ace 指数
12   obs_chao_ace <- t(estimateR(tdf))
13   obs_chao_ace <- obs_chao_ace[rownames(index),]#统一行名
14   #将 obs，chao，ace 指数与前面指数计算结果进行合并
15   index$Chao <- obs_chao_ace[,2]
16   index$Ace <- obs_chao_ace[,4]
17   index$obs <- obs_chao_ace[,1]
18   #导出表格
```

```
19  write.table(cbind(sample=c(rownames(index)),index),'diversity.index.txt',row.names = F, sep = '\t', quote = F)
```

13.3.1.3 差异性计算及绘图

（1）读入数据及分组文件

```
1   #读入文件
2   index <- read.delim('diversity.index.txt', header = T, row.names = 1)
3   ##figure:take shannon for example
4   index$samples <- rownames(index)#将样本名写到文件中
5   #读入分组文件
6   groups <- read.delim('group.txt',header = T, stringsAsFactors = F)
7   colnames(groups)[1:2] <- c('samples','group')#改列名
8   #合并分组信息与多样性指数
9   df2 <- merge(index,groups,by = 'samples')
```

（2）绘图

1）Chao

```
1   p1 <- ggplot(df2,aes(x=group,y=Chao))+#指定数据
2   stat_boxplot(geom = "errorbar", width=0.1,size=0.8)+#添加误差线，注意位置，放到最后则这条线不会被箱体覆盖
3   geom_boxplot(aes(fill=group), #绘制箱线图函数
4   outlier.colour="white",size=0.8)+#异常点去除
5   theme(panel.background =element_blank(), #背景
6   axis.line=element_line(),#坐标轴的线设为显示
7   plot.title = element_text(size=14))+#图例位置
8   # scale_fill_manual(values=c("#ffc000","#a68dc8","blue"))+#指定颜色
9   geom_jitter(width = 0.2)+#添加抖动点
10  geom_signif(comparisons = list(c("A","B"),
11  c("A","C"),
12  c("B","C")),# 设置需要比较的组
13  map_signif_level = T, #是否使用星号显示
14  test = t.test, ##计算方法
15  y_position = c(55,65,60),#图中横线位置设置
16  tip_length = c(c(0,0),
17  c(0,0),
18  c(0,0)),#横线下方的竖线设置
19  size=0.8,color="black")+
20  theme_prism(palette = "candy_bright",
21  base_fontface = "plain", # 字体样式，可选 bold, plain, italic
22  base_family = "serif", # 字体格式，可选 serif, sans, mono, Arial 等
```

```
23    base_size = 16,    # 图形的字体大小
24    base_line_size = 0.8, # 坐标轴的粗细
25    axis_text_angle = 45)+ # 可选值有 0，45，90，270
26    scale_fill_prism(palette = "candy_bright")+
27    theme(legend.position = 'none')#去除图例
28    p1#生成图片
```
Chao 指数生成图片示意见图 13-1。

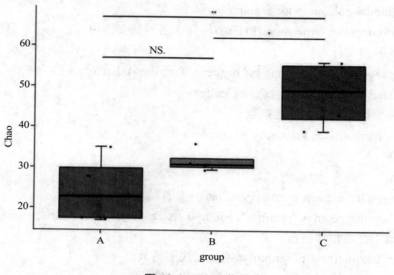

图 13-1　Chao 指数

2）Ace
```
1    p2 <- ggplot(df2,aes(x=group,y=Ace))+#指定数据
2    stat_boxplot(geom = "errorbar", width=0.1,size=0.8)+#添加误差线，注意位置，放到最后则这条线不会被箱体覆盖
3    geom_boxplot(aes(fill=group), #绘制箱线图函数
4    outlier.colour="white",size=0.8)+#异常点去除
5    theme(panel.background =element_blank(), #背景
6    axis.line=element_line(),#坐标轴的线设为显示
7    plot.title = element_text(size=14))+#图例位置
8    # scale_fill_manual(values=c("#ffc000","#a68dc8","blue"))+#指定颜色
9    geom_jitter(width = 0.2)+#添加抖动点
10   geom_signif(comparisons = list(c("A","B"),
11   c("A","C"),
12   c("B","C")),# 设置需要比较的组
13   map_signif_level = T, #是否使用星号显示
14   test = t.test, #计算方法
15   y_position = c(55,65,60),#图中横线位置设置
```

16　tip_length = c(c(0,0),
17　c(0,0),
18　c(0,0)),#横线下方的竖线设置
19　size=0.8,color="black")+
20　theme_prism(palette = "candy_bright",
21　base_fontface = "plain", # 字体样式，可选 bold, plain, italic
22　base_family = "serif", # 字体格式，可选 serif, sans, mono, Arial 等
23　base_size = 16,　 # 图形的字体大小
24　base_line_size = 0.8, # 坐标轴的粗细
25　axis_text_angle = 45)+ # 可选值有 0，45，90，270
26　scale_fill_prism(palette = "candy_bright")+
27　theme(legend.position = 'none')#去除图例
28　p2#生成图片

Ace 指数生成图片示意见图 13-2。

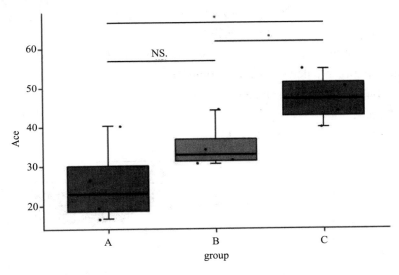

图 13-2　Ace 指数

3）Shannon

1　p3 <- ggplot(df2,aes(x=group,y=Shannon))+#指定数据
2　stat_boxplot(geom = "errorbar", width=0.1,size=0.8)+#添加误差线，注意位置，放到最后则这条线不会被箱体覆盖
3　geom_boxplot(aes(fill=group), #绘制箱线图函数
4　outlier.colour="white",size=0.8)+#异常点去除
5　theme(panel.background =element_blank(), #背景
6　axis.line=element_line(),#坐标轴的线设为显示
7　plot.title = element_text(size=14))+#图例位置
8　# scale_fill_manual(values=c("#ffc000","#a68dc8","blue"))+#指定颜色

```
9    geom_jitter(width = 0.2)+#添加抖动点
10   geom_signif(comparisons = list(c("A","B"),
11   c("A","C"),
12   c("B","C")),# 设置需要比较的组
13   map_signif_level = T, #是否使用星号显示
14   test = t.test, ##计算方法
15   y_position = c(3,3.5,3.25),#图中横线位置设置
16   tip_length = c(c(0,0),
17   c(0,0),
18   c(0,0)),#横线下方的竖线设置
19   size=0.8,color="black")+
20   theme_prism(palette = "candy_bright",
21   base_fontface = "plain", # 字体样式，可选 bold, plain, italic
22   base_family = "serif", # 字体格式，可选 serif, sans, mono, Arial 等
23   base_size = 16,    # 图形的字体大小
24   base_line_size = 0.8, # 坐标轴的粗细
25   axis_text_angle = 45)+ # 可选值有 0，45，90，270
26   scale_fill_prism(palette = "candy_bright")+
27   theme(legend.position = 'none')#去除图例
28   p3#生成图片
```

Shannon 多样性生成图片示意见图 13-3。

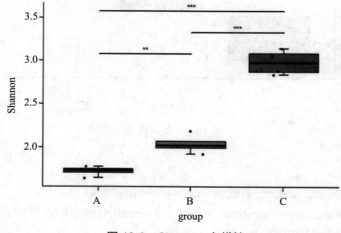

图 13-3 Shannon 多样性

4）Simpson

```
1   p4 <- ggplot(df2,aes(x=group,y=Simpson))+#指定数据
2   stat_boxplot(geom = "errorbar", width=0.1,size=0.8)+#添加误差线，注意位置，放到最后则这条线不会被箱体覆盖
3   geom_boxplot(aes(fill=group), #绘制箱线图函数
```

4 outlier.colour="white",size=0.8)+#异常点去除
5 theme(panel.background =element_blank(),#背景
6 axis.line=element_line(),#坐标轴的线设为显示
7 plot.title = element_text(size=14))+#图例位置
8 # scale_fill_manual(values=c("#ffc000","#a68dc8","blue"))+#指定颜色
9 geom_jitter(width = 0.2)+#添加抖动点
10 geom_signif(comparisons = list(c("A","B"),
11 c("A","C"),
12 c("B","C")),# 设置需要比较的组
13 map_signif_level = T, #是否使用星号显示
14 test = t.test, ##计算方法
15 y_position = c(1,1.1,1.05),#图中横线位置设置
16 tip_length = c(c(0,0),
17 c(0,0),
18 c(0,0),#横线下方的竖线设置
19 size=0.8,color="black")+
20 theme_prism(palette = "candy_bright",
21 base_fontface = "plain", # 字体样式，可选 bold, plain, italic
22 base_family = "serif", # 字体格式，可选 serif, sans, mono, Arial 等
23 base_size = 16,   # 图形的字体大小
24 base_line_size = 0.8,# 坐标轴的粗细
25 axis_text_angle = 45)+ # 可选值有 0，45，90，270
26 scale_fill_prism(palette = "candy_bright")+
27 theme(legend.position = 'none')#去除图例
28 p4#生成图片

Simpson 多样性生成图片示意见图 13-4。

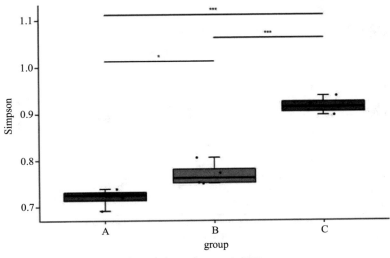

图 13-4　Simpson 多样性

13.3.2 β多样性

β多样性是指沿环境梯度不同生境群落之间物种组成的相异性或物种沿环境梯度的更替速率，也被称为生境间的多样性（between-habitat diversity）。不同群落之间或某环境梯度上的共有物种越少，β多样性越大。β多样性能用来指示不同生境被物种隔离的程度和比较不同生境的群落多样性，也能与α多样性共同构成总体多样性或一定环境群落的生物异质性。

β多样性分析通常由计算环境样本间的距离矩阵开始，对群落数据结构进行分解，并通过对样本进行排序（Ordination），从而观测样本之间的差异。常用的距离矩阵加权算法有 Bray-Curtis 和 Weighted Unifrac，非加权算法有 Unweightde Unifrac。非加权算法主要比较物种的有无，两个群体的β多样性越小，说明两个群体的物种组成越相似。而加权算法则需要同时考虑物种有无和物种丰度两个层面。Bray-Curtis 距离基于物种的丰度信息计算，是生态学上反映群落之间差异性常用的指标之一。Weighted Unifrac 距离是一种同时考虑各样品中微生物的进化关系和物种的相对丰度，计算样品的距离。Unweighted Unifrac 则只考虑物种的有无，忽略物种间的相对丰度差异，对稀有物种比较敏感。

基于以上的距离矩阵对样本进行排序，进一步从结果中挖掘各样品间微生物群落结构的差异和不同分类对样品间的贡献差异。常见的排序方法包括主成分分析（Principle Component Analysis，PCA）、主坐标分析（Principal Co-ordinates Analysis，PCoA）、非度量多维排列（Non-metric multidimensional scaling，NMDS）和非加权组平均聚类分析（Unweighted，Pair-group，Method with Arithmetic Means，UPGMA）等。下面将重点介绍 PCoA 和 NMDS。

PCoA 是一种用于研究样本微生物群落组成相似性或差异性的数据降维分析方法。PC1 和 PC2 是两个主坐标成分，图 13-5 中每个点代表一个样本，点的颜色代表样本的分组，样本间的距离越近代表微生物群落结构越相似。图 13-5 中圆圈一般是置信水平为 95% 时的置信椭圆，用于比较组间的群落结构组成相似性。

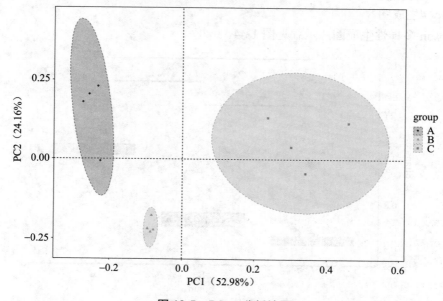

图 13-5　PCoA 分析结果

NMDS 是一种基于样本距离矩阵的多维尺度分析方法，与 PCoA 不同的是，NMDS 不再依赖特征根和特征向量的计算，而是通过对样本距离进行等级排序，使样本在低维空间中的排序尽可能符合彼此之间的距离远近关系而非确切的距离数值。因此，NMDS 不受样本距离的数值影响，仅考虑彼此之间的大小关系，是非线性的模型，对于结构复杂的数据，排序结果可能更稳定。使用 R 软件，调用任意距离矩阵，对 OTU 水平的群落组成结构进行 NMDS 分析，并以二维或三维图像描述样本间的自然分布特征。物种组成越相似的样本，在 NMDS 图中的距离越接近。

下面将主要介绍在 R 语言上实现 PCoA 和 NMDS 的可视化分析。

（1）PCoA

```
1   #设置工作目录
2   rm(list=ls())setwd('C:\\桌面\\PCoA')
3   #安装所需 R 包
4   install.packages("vegan")
5   install.packages("ggplot2")
6   #加载包
7   library(vegan)#计算距离时需要的包
8   library(ggplot2)#绘图包
9   #读取数据及数据处理
10  otu_raw<-read.table(file="otu.txt",sep="\t",header=T,check.names=FALSE ,row.names=1)
11  otu <- t(otu_raw)
12  #计算 bray_curtis 距离
13  otu.distance <- vegdist(otu)
14  #pcoa 分析
15  pcoa <- cmdscale (otu.distance,eig=TRUE)
16  pc12 <- pcoa$points[,1:2]
17  pc <- round(pcoa$eig/sum(pcoa$eig)*100,digits=2)
18  #数据格式转换及数据整合
19  pc12 <- as.data.frame(pc12)
20  pc12$samples <- row.names(pc12)
21  head(pc12)
22  #简单绘图
23  p <- ggplot(pc12,aes(x=V1, y=V2))+ geom_point(size=3)+theme_bw()
24  p
25  #加入分组信息
26  group <- read.table("group.txt", sep='\t', header=T)
27  colnames(group) <- c("samples","group")
28  df <- merge(pc12,group,by="samples")
29  color=c("#1597A5","#FFC24B","#FEB3AE")
30  p1<-ggplot(data=df,aes(x=V1,y=V2,
```

31   color=group,shape=group))+
32   theme_bw()+
33   geom_point(size=1.8)+
34   theme(panel.grid = element_blank())+
35   geom_vline(xintercept = 0,lty="dashed")+
36   geom_hline(yintercept = 0,lty="dashed")+
37   #geom_text(aes(label=samples, y=V2+0.03,x=V1+0.03,   vjust=0),size=3.5)+
38   #guides(color=guide_legend(title=NULL))+
39   labs(x=paste0("PC1 ",pc[1],"%"),
40   y=paste0("PC2 ",pc[2],"%"))+
41   scale_color_manual(values = color) +
42   scale_fill_manual(values = c("#1597A5","#FFC24B","#FEB3AE"))+
43   theme(axis.title.x=element_text(size=12),
44   axis.title.y=element_text(size=12,angle=90),
45   axis.text.y=element_text(size=10),
46   axis.text.x=element_text(size=10),
47   panel.grid=element_blank())
48   p1
49   #添加置信椭圆
50   p1 + stat_ellipse(data=df,geom = "polygon",level=0.9,linetype =
51   2, size=0.5,aes(fill=group),alpha=0.2,show.legend = T)

（2）NMDS
1   library(vegan)
2   data("varespec")
3   write.csv(varespec,"varespec.csv")#写出数据到默认路径下，并查看
4   library(vegan)#加载包
5   setwd("C:/Rstudio/R")#设置默认路径
6   data("varespec")
7   bray_dis <- vegdist(varespec, method = 'bray')#基于 Bray-curtis 距离测算
8   nmds_dis <- metaMDS(bray_dis, k = 2)#NMDS 排序计算，一般定义 2 个维度
9   nmds_dis$stress#查看 stress 函数值，一般不大于 0.2 为合理
10   nmds_dis_site <- data.frame(nmds_dis$points)#计算样点得分
11   nmds_dis_species <- wascores(nmds_dis$points, varespec)#计算物种得分数据
12   nmds_dis_site#查看样点得分数据
13   nmds_dis_specie#查看物种得分数据
14   ordiplot(nmds_dis, type = 'none', main = paste('样方,Stress =', round(nmds_dis$stress, 4)))#定义画板
15   points(nmds_dis, pch = 19, cex = 1.5, col = c(rep('red', 6), rep('orange', 6), rep('green3', 6), 16 rep('gray', 6)))#绘图上色

```
17  legend("bottomright",#图例位置为右下角
18  legend=c("样点 1-6","样点 7-12","样点 13-18","样点 18-24")#图例内容
19  col=c("red","orange","green3","gray")#图例颜色
20  pch=19,bty="n",ncol=1,pt.cex=2)
21  ordiplot(nmds_dis, type = 'none', main = paste('样方+物种，Stress =',
22  round(nmds_dis$stress, 4)))
23  points(nmds_dis_species, pch = 3, cex = 0.5, col = 'gray')
24  points(nmds_dis, pch = 19, cex = 0.7, col = c(rep('red', 6), rep('orange', 6), rep('green3', 6),
25  rep('gray', 6))
26  legend("bottomright", #图例位置为右上角
27  legend=c("样点 1-6","样点 7-12","样点 13-18","样点 18-24")#图例内容
28  col=c("red","orange","green3","gray")#图例颜色
29  pch=19,bty="n",ncol=1,pt.cex=2)
30  otu <- read.delim('D:/Rstudio/R/NMDS/phylum_table.txt',
31  row.names = 1, sep = '\t', stringsAsFactors = FALSE,
32  check.names = FALSE)#读取默认路径下的任意一个物种数据框
33  otu <- data.frame(t(otu))#如果行为 otu，列为样方数据，则需进行转置
34  bray_dis <- vegdist(otu, method = 'bray')
35  nmds_dis <- metaMDS(bray_dis, k = 2)
36  nmds_dis$stress#查看 stress 值
37  nmds_dis_site <- data.frame(nmds_dis$points)#样方得分
38  nmds_dis_species <- wascores(nmds_dis$points, otu)#物种得分
39  ordiplot(nmds_dis, type = 'none', main = paste('样方,Stress =', round(nmds_dis$stress, 4)))
40  points(nmds_dis, pch = 19, cex = 0.7, col = c(rep('red', 9), rep('orange', 9), rep('green3', 9)))
41  legend("bottomright", #图例位置为右上角
42  legend=c("样点 A","样点 B","样点 C"), #图例内容
43  col=c("red","orange","green3"), #图例颜色
44  pch=19,bty="n",ncol=1,pt.cex=2)
45  library(ggplot2)
46  #添加分组信息
47  nmds_dis_site$name <- rownames(nmds_dis_site)
48  nmds_dis_site$group <- c(rep('A', 10), rep('B', 10), rep('C', 14)) #定义三个组
49  p <- ggplot(data = nmds_dis_site, aes(MDS1, MDS2)) + #取 MDS1 和 MDS2 来绘图
50  theme_classic()+ #定义经典背景
51  geom_point(aes(color = group)) + #颜色按分组填充
52  stat_ellipse(aes(fill = group), geom = 'polygon', level = 0.95, alpha = 0.1, show.legend =
53  FALSE) + #添加置信椭圆，注意不是聚类
54  scale_color_manual(values = c('red3', 'orange3', 'green3')) +
55  scale_fill_manual(values = c('red', 'orange', 'green3')) +
```

56　theme(legend.position = 'none') + #去掉图例
57　geom_vline(xintercept = 0, color = 'gray', size = 0.5) + #中间竖线
58　geom_hline(yintercept = 0, color = 'gray', size = 0.5) + #中间横线
59　labs(x = 'NMDS1', y = 'NMDS1') +
60　annotate('text', label = paste('Stress =', round(nmds_dis$stress, 4)), x = 0.35, y = 0.3, size
61　= 4, colour = 'black') + #标注 stress 函数值
62　annotate('text', label = 'A', x = -0.4, y = 0.05, size = 5, colour = 'red3') + #定义大样点文字 A
63　annotate('text', label = 'B', x = -0.03, y = 0.05, size = 5, colour = 'orange3') + #定义大样点文字 B
64　annotate('text', label = 'C', x = 0.13, y = -0.15, size = 5, colour = 'green3') #定义大样点文字 C
65　p #出图

NMDS 分析结果示意见图 13-6。

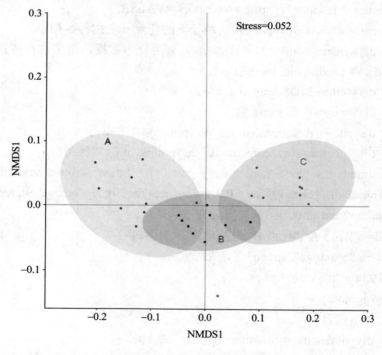

图 13-6　NMDS 分析结果

13.3.3　微生物差异物种分析

火山图是形如火山喷发的一种图形展示方法，以直观地表示组间或条件间的差异表达模式。在学习如何制作火山图之前，我们先来了解火山图的基本元素构成。

- *p*-value：表示某个基因在比较分组之间的表达差异是否足够显著，一般认为 *p*-value＜0.05 为显著。

- adjusted *p*-value：即经过统计学方法校正后的 *p*-value，由于统计学上常用的校正方法包括"BH""FDR"等，所以在一些文章中，我们也会看到筛选差异基因的阈值是 FDR＜0.05。
- Fold Change：表示两个分组之间的差异倍数，其绝对值越大说明某基因在两组之间的表达差异也越大。该值为正时，表示差异上调；该值为负时，表示差异下调。画图时，一般转换为 log2Fold Change，使展示更直观。
- UP：差异显著且上调的基因。
- DOWN：差异显著且下调的基因。
- NOT：差异不显著的基因。

```
1   # 加载包
2   library(tidyverse)
3   library(cowplot)
4   library(ggrepel)
5   # 读取数据
6   de_result <- read_table('C:/Rproject/results.txt')
7   # 查看示例数据
8   head(de_result)
9   # 数据预处理
10  my_de_result <- de_result %>%
11  mutate(direction = if_else(padj > 0.05 | abs(log2FoldChange) < 1,
12  'non-significance', if_else(log2FoldChange >= 1,
13  'up','down')))
14  # 查看处理以后的数据
15  head(my_de_result)
16  #散点图
17  ggplot(data = my_de_result, aes(x = log2FoldChange, y = -log10(padj))) +
18  geom_point(aes(color = direction), size = 3,show.legend = F) +
19  scale_color_manual(
20  values = c('#1500FF', '#A9A9A9', '#FF0102')) +
21  labs(x = 'Log2(fold change)', y = '-log10(p-value)') +
22  theme_half_open()
23  #添加水平，垂直线
24  ggplot(data = my_de_result, aes(x = log2FoldChange, y = -log10(padj))) +
25  geom_point(aes(color = direction), size = 3,show.legend = F)+
26  geom_vline(xintercept = c(-1, 1),
27  linetype = 'dotdash',
28  color = 'grey30') +
29  geom_hline(yintercept = -log10(0.05),   color = 'grey30',
30  linetype = 'dotdash') +
```

```
31    scale_color_manual(
32    values = c('#1500FF', '#A9A9A9', '#FF0102')) +
33    labs(x = 'log2(fold change)', y = '-log10(p-value)') + theme_half_open()
34    #添加数据标签
35    ggplot(data = my_de_result, aes(x = log2FoldChange, y = -log10(padj))) +
36    geom_point(aes(color = direction), size = 3, show.legend = F)+
37    geom_vline(xintercept = c(-1, 1),
38    linetype = 'dotdash',
39    color = 'grey30') +
40    geom_hline(yintercept = -log10(0.05),
41    color = 'grey30',
42    linetype = 'dotdash') +
43    geom_text_repel(data = subset(my_de_result, abs(my_de_result$log2FoldChange) > 1 & my_de_result$padj < 0.05),
44    #data = my_de_result %>% filter(abs(log2FoldChange) > 1 & padj < 0.05)
45    aes(label = Gene),
46    box.padding = 0.5,
47    segment.color = 'black',
48    size = 4) +
49    scale_color_manual(
50    values = c('#1500FF', '#A9A9A9', '#FF0102')) +
51    labs(x = 'log$_2$(fold change)', y = '-log$_{10}$(p-value)') +
52    theme_half_open()
```

火山图分析结果示意见图 13-7。

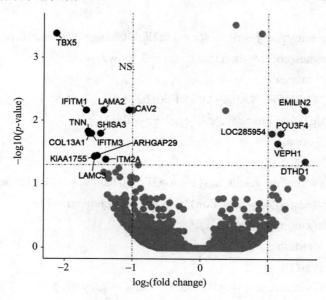

图 13-7　火山图分析

13.3.4 与环境因子关联分析

CCA，即典范对应分析（canonical correspondence analysis），是研究两组变量之间相关关系的一种多元统计方法，它能够揭示出两组变量之间的内在联系。

RDA，即冗余分析（redundancy analysis），是环境因子约束化的 PCA 分析，可以将样本和环境因子反映在同一个二维排序图上，从图中可以直观地看出样本分布和环境因子间的关系。

CCA 和 RDA 均属于约束排序分析。CCA 进行排序的时候使用的是单峰模型，RDA 进行排序的时候使用的是线性模型。一般来说，如果环境因子的梯度范围较小，单峰模型和线性模型的结果差别不大，但如果环境因子的梯度范围较大，那线性模型就可能不太合适。我们先来了解 RDA/CCA 图中的基本元素。

- 使用点代表不同的样本，从原点发出的箭头代表不同的环境因子。
- 箭头的长度代表该环境因子对群落变化影响的强度，箭头的长度越长，表示环境因子的影响越大。
- 箭头与坐标轴的夹角代表该环境因子与坐标轴的相关性，夹角越小，代表相关性越高。
- 样本点到环境因子箭头及其延长线的垂直距离表示环境因子对样本的影响强度，样本点与箭头距离越近，该环境因子对样本的作用越强。
- 样本位于箭头同方向，表示环境因子与样本物种群落的变化正相关，样本位于箭头的反方向，表示环境因子与样本物种群落的变化负相关。
- 图像中坐标轴标签中的数值，代表了坐标轴所代表的环境因子组合对物种群落变化的解释比例。

我们到底如何进行 RDA 和 CCA 之间的选择呢？正确的步骤是这样的，我们进行 RDA 或 CCA 之前先进行 DCA（detrended correspondence analysis）分析，根据结果中 Lengths of gradient 的数值来进行判断。结果会给出 4 个 Lengths of gradient 的数值，如果其中最大的数值大于 4.0，就选 CCA；如果在 3.0~4.0，选 RDA 和 CCA 均可；如果小于 3.0，RDA 的结果要好于 CCA。但是这种标准并不是 100%合适，在实际的使用中，最好是同时进行 CCA 和 RDA，根据结果进行选择。接下来将正式介绍在 R 语言中如何进行 RDA/CCA 的可视化分析。

（1）CCA

```
1  #调用 R 包
2  library(vegan)
3  library(ggrepel)
4  library(ggplot2)
5  library(ggpubr)
6  #读取数据，依次为 otu 数据、环境因子数据、分组信息
7  sampledata <- read.csv(file.choose(), head = TRUE, row.names=1)#otu 数据
8  env <- read.csv(file.choose(), header=TRUE, row.names=1)#环境因子
9  group <- read.csv(file.choose(), header = FALSE,
```

```
10    colClasses=c("character"))#分组依据
11    sampledata <- t(sampledata)
12    #对 OTU 数据进行 hellinger 转化
13    sampledata <- decostand(sampledata,method = "hellinger")
14    group <- as.list(group)
15    #定义分组的填充颜色
16    col <- c("#F8766D", "#7CAE00", "#00BFC4", "#C77CFF")
17    #先进行 DCA 分析
18    dca <- decorana(veg = sampledata)
19    dca1 <- max(dca$rproj[,1])
20    dca2 <- max(dca$rproj[,2])
21    dca3 <- max(dca$rproj[,3])
22    dca4 <- max(dca$rproj[,4])
23    GL <- data.frame(DCA1 = c(dca1), DCA2 = c(dca2), DCA3 = c(dca3), DCA4 = c(dca4))
24    GL
25    #我们便得到了 Lengths of gradient 的数值，可以根据这个数值使用经验定律判断使用 RDA 还是 CCA
26    > GL
27         DCA1         DCA2         DCA3         DCA4
28    Gradient length 0.2340299 0.1738525 0.2807208 0.1313967
29    #保存 Lengths of gradient 数值结果
30    rownames(GL) <- c("Gradient length")
31    write.csv(GL, file = "dca.csv")
32    #再进行 CCA 分析
33    cca <- cca(sampledata, env, scale = TRUE)
34    ccascore <- scores(cca)
35    ccascore$sites
36    cca$CCA$biplot
37    ccascore$species
38    #提取主要信息
39    write.csv(ccascore$sites, file = "cca.sample.csv")
40    write.csv(cca$CCA$biplot, file = "cca.env.csv")
41    write.csv(ccascore$species, file = "cca.species.csv")
42    CCAE <- as.data.frame(cca$CCA$biplot[,1:2])
43    CCAS1 <- ccascore$sites[,1]*0.3
44    CCAS2 <- ccascore$sites[,2]*0.3
45    plotdata <- data.frame(rownames(ccascore$sites), CCAS1, CCAS2, group$V2)
46    colnames(plotdata) <- c("sample","CCAS1","CCAS2","group")
```

```
47  cca1 <- round(cca$CCA$eig[1]/sum(cca$CCA$eig)*100,2)
48  cca2 <- round(cca$CCA$eig[2]/sum(cca$CCA$eig)*100,2)
49  #绘制 CCA 图
50  P <- ggplot(plotdata, aes(CCAS1, CCAS2)) +
51  geom_point(aes(fill = group, color = group),size = 5) +
52  scale_fill_manual(values = col)+
53  stat_chull(geom = "polygon", aes(group = group, color = group, fill = group), alpha = 0.1)
54  + xlab(paste("CCA1 ( ",cca1,"%"," )", sep = "")) +
55  ylab(paste("CCA2 ( ",cca2,"%"," )", sep = "")) +
56  geom_segment(data = CCAE, aes(x = 0, y = 0, xend = CCAE[,1], yend = CCAE[,2]),
57  colour = "black", size = 0.8,
58  arrow = arrow(angle = 30, length = unit(0.4, "cm"))) +
59  geom_text_repel(data = CCAE, segment.colour = "black",
60  aes(x = CCAE[,1], y = CCAE[,2],
61  label = rownames(CCAE)),size=8) +
62  geom_vline(aes(xintercept = 0), linetype = "dotted") +
63  geom_hline(aes(yintercept = 0), linetype = "dotted") +
64  theme(panel.background = element_rect(fill = "white", colour = "black"),
65  panel.grid = element_blank(),
66  axis.title = element_text(color = "black", size = 18),
67  axis.ticks.length = unit(0.4,"lines"),
68  axis.ticks = element_line(color = "black"),
69  axis.line = element_line(colour = "black"),
70  axis.title.x = element_text(colour = "black", size = 18),
71  axis.title.y = element_text(colour="black", size = 18),
72  axis.text = element_text(colour = "black", size = 18),
73  legend.title = element_blank(),
74  legend.text = element_text(size = 18), legend.key = element_blank(),
75  plot.title = element_text(size = 22, colour = "black",
76  face = "bold", hjust = 0.5)) +
77  theme(text=element_text(family="A",size=20))
78  #生成 CCA 图
79  P
```

CCA 分析结果示意见图 13-8。

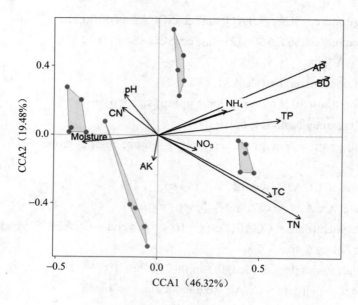

图 13-8　CCA 分析

（2）RDA

```
1   #RDA 分析
2   rda <- rda(sampledata, env, scale = TRUE)
3   rdascore <- scores(rda)
4   rdascore$sites
5   rda$CCA$biplot
6   rdascore$species
7   write.csv(rdascore$sites,file="rda.sample.csv")
8   write.csv(rda$CCA$biplot,file="rda.env.csv")
9   write.csv(rdascore$species,file="rda.species.csv")
10  RDAE <- as.data.frame(rda$CCA$biplot[,1:2])
11  RDAS1 <- rdascore$sites[,1]*0.2
12  RDAS2 <- rdascore$sites[,2]*0.2
13  plotdata <- data.frame(rownames(rdascore$sites), RDAS1, RDAS2, group$V2)
14  colnames(plotdata) <- c("sample","RDAS1","RDAS2","group")
15  rda1 <- round(rda$CCA$eig[1]/sum(rda$CCA$eig)*100,2)
16  rda2 <- round(rda$CCA$eig[2]/sum(rda$CCA$eig)*100,2)
17  #RDA plot
18  PP <-ggplot(plotdata, aes(RDAS1, RDAS2)) +
19  geom_point(aes(fill = group, color = group),size = 5) +
20  scale_fill_manual(values = col)+
21  stat_chull(geom = "polygon", aes(group = group, color = group, fill = group), alpha =
22  0.1)+
```

```
23   xlab(paste("RDA1 ( ",rda1,"%"," )", sep = "")) +
24   ylab(paste("RDA2 ( ",rda2,"%"," )", sep = "")) +
25   geom_segment(data = RDAE, aes(x = 0, y = 0, xend = RDAE[,1], yend = RDAE[,2]),
26   colour = "black", size = 0.8,
27   arrow = arrow(angle = 30, length = unit(0.4, "cm"))) +
28   geom_text_repel(data = RDAE, segment.colour = "black",
29   aes(x = RDAE[,1], y = RDAE[,2], label = rownames(RDAE)),size=8)
30   + geom_vline(aes(xintercept = 0), linetype = "dotted") +
31   geom_hline(aes(yintercept = 0), linetype = "dotted") +
32   theme(panel.background = element_rect(fill = "white", colour = "black"),
33   panel.grid = element_blank(),
34   axis.title = element_text(color = "black", size = 18),
35   axis.ticks.length = unit(0.4,"lines"),
36   axis.ticks = element_line(color = "black"),
37   axis.line = element_line(colour = "black"),
38   axis.title.x = element_text(colour = "black", size = 18),
39   axis.title.y = element_text(colour="black", size = 18),
40   axis.text = element_text(colour = "black", size = 18),
41   legend.title = element_blank(),
42   legend.text = element_text(size = 18), legend.key = element_blank(),
43   plot.title = element_text(size = 22, colour = "black",
44   face = "bold", hjust = 0.5)) +
45   theme(text=element_text(family="A",size=20))
46   PP
```

RDA 分析结果示意见图 13-9。

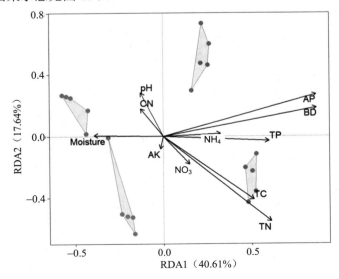

图 13-9　RDA 分析

13.3.5 相关性网络分析

在自然环境中，微生物并不是以分离的个体形式存在，而是通过直接或间接的相互作用形成复杂的共发生网络。微生物之间的相互作用包括互利共生、共栖、寄生、捕食、偏害共栖和竞争等类型，相互作用会对参与者产生正向、负向和中性三种影响。同样地，环境影响群落的组成，因此，微生物-环境之间也存在密切的交互作用。微生物体积小、数量大、代谢旺盛、繁殖迅速，造成微生物群落在组成和功能上极高的复杂度，然而，在生态系统中直接探究这些不同的相互作用类型非常困难。高通量测序数据包含大量种群信息，具有模拟微生物共关系的极大优势。将网络分析与高通量测序相结合，对于发现微生物群落的构建过程和群落的稳定维持中所必需的微生物关系，推断各种相互对宿主健康影响等提供了丰富的研究手段。近年来，网络分析被广泛应用在多种生态系统中（如海洋、河流、湖泊、森林、农田和草地）来研究微生物的共发生模式。网络分析能够揭示菌群中非随机的物种共发生模式，使物种间的直接互作或生态位共享特征得到较好的重现，对于理解微生物群落的组建机制、生态系统的功能以及识别群落中的关键物种至关重要。下面我们来了解相关性网络图的基本构成要素。

- 节点（Node）：网络中的一个点或一个小圆圈。每一个节点代表了一类微生物，如OTU、属、门等，包含多种各自的属性特征。
- 边（Edge）：网络中连接两个节点的线或箭头。判断两个物种之间是正相关（共生）还是负相关（拮抗）关系。
- 平均度（Average degree）：网络中每个节点连接的平均个数。度数越高，说明该节点连接的微生物越多，其在微生物群落的相互作用中可能起到更重要的作用。
- 平均加权度（Average weighted degree）：网络中每个节点连接的平均权重。权重是指边的强度或密切程度。比如两个微生物之间的相互作用程度可以由它们在同一代谢途径中的相对位置决定。
- 网络直径（Network diameter）：网络中最远节点之间的距离。直径越小，微生物群落中的微生物之间的关系可能越"紧密"。
- 图密度（Graph density）：网络中实际存在的边数与所有可能存在的边数之间的比率。密度越高，微生物群落中微生物之间的关系越复杂和密切。
- 模块化（Modularity）：网络中被分割的独立控制单元的数量。模块化越高，微生物群落中微生物之间的相互作用越呈现出高度的组织性和相互耦合性。
- 平均聚类系数（Average clustering coefficient）：与节点紧密相连的其他节点之间的连接概率。聚类系数越大，说明微生物之间的关系网越复杂。
- 平均路径长度（Average path length）：网络中任意两个节点之间的平均距离。路径长度越短，微生物之间的相互作用关系越紧密。
- 接近中心性（Closeness centrality）：微生物与其他微生物之间距离的逆数之和。对于网络中的某个微生物来说，接近中心性越高，说明该微生物越重要。
- 介数中心性（Betweenness centrality）：网络中一对节点之间可能通往其他节点的最短路径数量。对于网络中的某个微生物来说，介数中心性越高，说明该微生物具有传递信息或物质之间的潜力。

下面结合 R 语言和 Gephi 讲解相关性网络图的可视化呈现。

13.3.5.1 在 R 中进行数据预处理

```
1   #安装所要的包
2   install.packages("Hmisc")
3   #加载安装包
4   library(Hmisc)
5   #读取 otu-sample 矩阵，行为 sample，列为 otu
6   otu=read.table("web.txt", head=T, row.names=1)
7   #用 rcorr 函数计算大量的数据
8   occor <- rcorr(as.matrix(otu),type = 'spearman')
9   occor.r <-   occor$r # 提取相关性
10  occor.p <-   occor$P # 提取显著性 P 值，P 大写
11  #P 值矫正
12  occor.p<-p.adjust(occor.p, method="BH")
13  #将相关性和显著性不满足的划分为 0
14  occor.r[occor.p>0.01|abs(occor.r)<0.8] = 0
15  ##将对角线上的自相关性 1 变为 0
16  diag(occor.r) <- 0
17  write.csv(occor.r,file="web.csv")# 输出相关系数表到 csv 文件
```

得到结果以后即可直接导入 Gephi 软件进行绘图。

13.3.5.2 Gephi 概述

（1）Gephi 介绍

Gephi 是一个用于图形和网络分析的开源软件。它使用 3D 渲染引擎实时显示大型网络，并加快探索速度。灵活的多任务体系结构为处理复杂的数据集带来了新的可能性，并产生了有价值的可视化结果。它提供了对网络数据的简单而广泛的访问，并允许进行空间化、过滤、导航、操作和集群。最后，通过呈现 Gephi 的动态特征，强调了动态网络可视化的关键方面。近年来，很多微生物生态学相关的学者使用 Gephi 做微生物群落的共发生网络分析（Co-occurrence network analysis）。

（2）Gephi 可视化相关性网络图教程

1）将数据导入 Gephi：打开 Gephi 软件后左上角点击"文件"→"导入电子表格"，然后出现如下界面（图 13-10）：

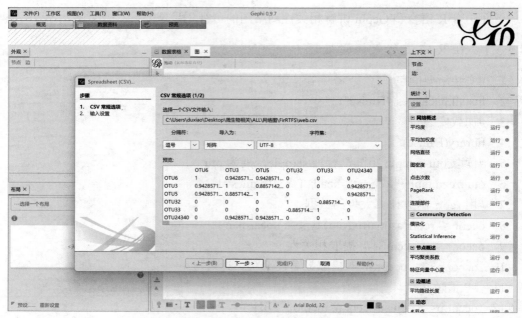

图 13-10　csv 文件导入 Gephi

点击"下一步"→"完成",出现如下界面(图 13-11)。然后图的类型选择"无向"的,再点击"完成"即可。

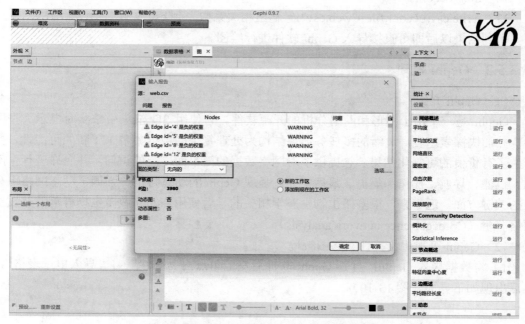

图 13-11　csv 文件导入 Gephi 图的类型选择

导入数据后界面如图 13-12 所示。

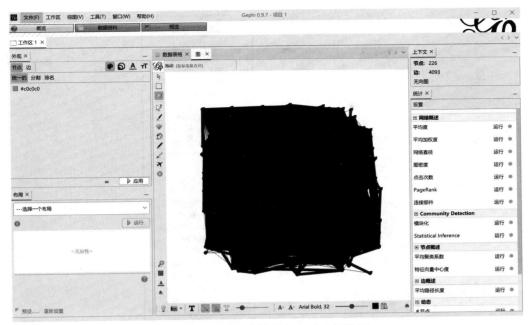

图 13-12　csv 文件导入 Gephi 初始图

2）导出边和点文件：点击"数据资料"→选择"节点"然后点击"输出表格"；再点击"边"，然后点击"输出表格"（图 13-13）。

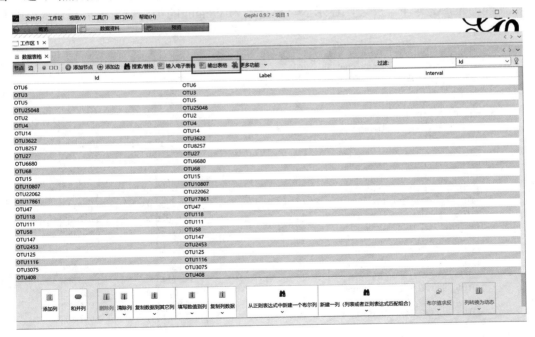

图 13-13　Gephi 初始图数据资料界面

导出文件后，"节点"文件增加节点属性，如门水平、纲水平或其他水平下的微生物种类等。以门水平举例，最后显示结果如图 13-14 所示。

Id	Label	timeset	phylum
OTU6	OTU6		p__Crenarchaeota
OTU3	OTU3		p__Crenarchaeota
OTU5	OTU5		p__Acidobacteriota
OTU25048	OTU25048		p__Crenarchaeota
OTU2	OTU2		p__Firmicutes
OTU4	OTU4		p__Proteobacteria
OTU14	OTU14		p__Crenarchaeota
OTU3622	OTU3622		p__Acidobacteriota
OTU8257	OTU8257		p__Proteobacteria
OTU27	OTU27		p__Acidobacteriota
OTU6680	OTU6680		p__Acidobacteriota
OTU68	OTU68		NA
OTU15	OTU15		p__unidentified_Bacteria
OTU10807	OTU10807		p__Acidobacteriota
OTU22062	OTU22062		p__Crenarchaeota
OTU17861	OTU17861		p__Crenarchaeota
OTU47	OTU47		p__Proteobacteria
OTU118	OTU118		p__Proteobacteria
OTU111	OTU111		p__Chloroflexi
OTU58	OTU58		p__unidentified_Bacteria
OTU147	OTU147		p__Actinobacteriota
OTU2453	OTU2453		p__Actinobacteriota
OTU125	OTU125		p__Acidobacteriota
OTU1116	OTU1116		p__unidentified_Bacteria
OTU3075	OTU3075		p__Crenarchaeota
OTU408	OTU408		p__Actinobacteriota

图 13-14 "节点"文件增加节点属性

"边"文件增加边属性，添加相关性（PN）和权重（NO）数据。如果 Weight 为正数，则相关性为正，显示 P，反之，显示 N。权重则为 Weight 的绝对值。最后显示的结果如图 13-15 所示。

Source	Target	Type	Id	Label	timeset	Weight	PN	NO
OTU6	OTU6	Undirected	0			1	P	1
OTU6	OTU3	Undirected	1			1.885714	P	1.885714
OTU6	OTU5	Undirected	2			1.885714	P	1.885714
OTU6	OTU25048	Undirected	3			1.885714	P	1.885714
OTU6	OTU2	Undirected	4			-1.65714	N	1.657143
OTU6	OTU4	Undirected	5			-1.65714	N	1.657143
OTU6	OTU14	Undirected	6			1.885714	P	1.885714
OTU6	OTU3622	Undirected	7			1.771429	P	1.771429
OTU6	OTU8257	Undirected	8			-1.65714	N	1.657143
OTU6	OTU27	Undirected	9			1.771429	P	1.771429
OTU6	OTU6680	Undirected	10			1.771429	P	1.771429
OTU6	OTU68	Undirected	11			1.657143	P	1.657143
OTU6	OTU15	Undirected	12			-1.62336	N	1.623359
OTU6	OTU10807	Undirected	13			1.657143	P	1.657143
OTU6	OTU22062	Undirected	14			1.885714	P	1.885714
OTU6	OTU17861	Undirected	15			1.771429	P	1.771429
OTU6	OTU47	Undirected	16			-1.65714	N	1.657143
OTU6	OTU118	Undirected	17			1.657143	P	1.657143
OTU6	OTU111	Undirected	18			-1.65714	N	1.657143
OTU6	OTU58	Undirected	19			-1.88571	N	1.885714
OTU6	OTU147	Undirected	20			-1.65714	N	1.657143
OTU6	OTU2453	Undirected	21			-1.62336	N	1.623359
OTU6	OTU125	Undirected	22			-1.88571	N	1.885714
OTU6	OTU1116	Undirected	23			-1.68134	N	1.681336
OTU6	OTU3075	Undirected	24			1.771429	P	1.771429
OTU6	OTU408	Undirected	25			-1.88571	N	1.885714
OTU6	OTU20379	Undirected	26			1.885714	P	1.885714

图 13-15 "边"文件增加边属性

回到 Gephi 主界面，点击"文件"→"导入电子表格"，导入"边"文件，图的类型选择"无向"，点击"确定"（图 13-16）。

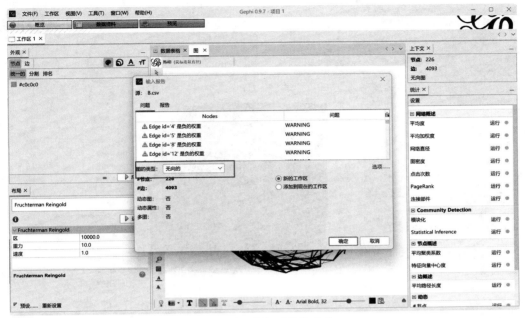

图 13-16　导入"边"文件

再导入"点"文件，图的类型选择"无向的"，并选择"添加到新的工作区"（图 13-17）。

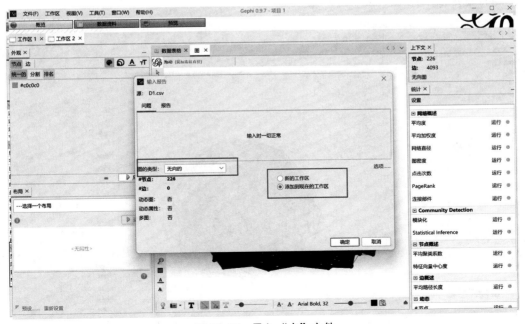

图 13-17　导入"点"文件

3）调整布局：在布局中选择"Fruchterman-Reingold"布局，然后点击运行，待图像大致稳定后点击停止（当然这里还有许多的布局方式，读者可自行尝试）（图 13-18）。

图 13-18　调整布局

运行稳定后的结果如图 13-19 所示。

图 13-19　运行布局稳定后的界面

4）调整节点：调整节点颜色：选择颜色映射模式，这里选择 phylum，然后点击"应用"，结果如图 13-20 所示。

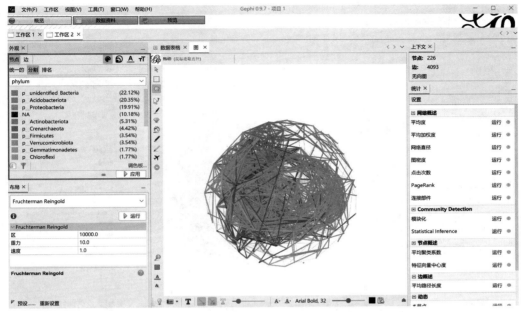

图 13-20　调整节点颜色后的界面

调整节点大小：这里选择用度来进行映射，反映节点的重要程度，尺寸大小可根据需要进行设置即可。这里设置为最小尺寸为 10，最大尺寸为 45，点击"应用"，结果如图 13-21 所示。

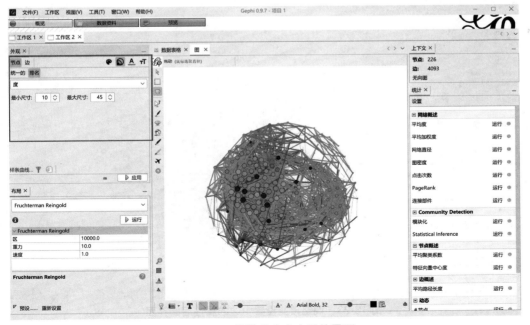

图 13-21　调整节点大小后的界面

5)调整边:选择边,选择"pn"来反映正、负相关性,颜色可用旁边的"调色板"进行调整,点击"应用",结果如图 13-22 所示。

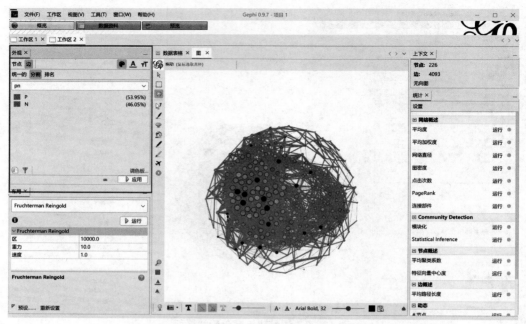

图 13-22　调整边的映射方式后的界面

6)预览:转到预览窗口,调整"边"的属性,"厚度"选择自己合适的值,"颜色"选择"原始的",最后点击"刷新",结果如图 13-23 所示。

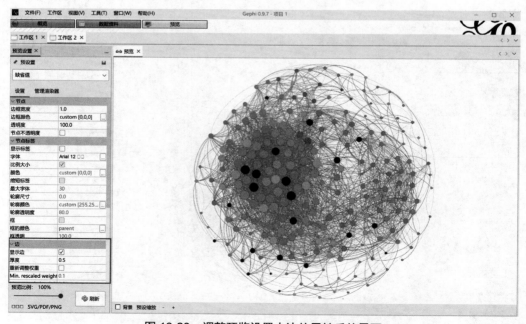

图 13-23　调整预览设置中边的属性后的界面

7）计算网络图的拓扑特征：在预览窗口的右侧，依次运行平均度、平均加权度、网络直径、图密度、模块化等拓扑参数。注意模块化参数默认为 1，数值越大模块越少，可以根据分析需要进行设置，且运行的结果大于 0.44 时，一般认为比较合理，运行完成后的结果如图 13-24 所示。

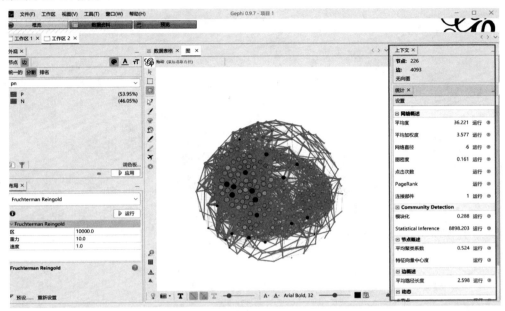

图 13-24　运行网络图的拓扑特征后的界面

8）导出节点属性数据：回到"数据资料"，再次导出"点"文件，根据"度"、"closnesscentrality"、"betweenesscentrality"确定关键物种（图 13-25）。

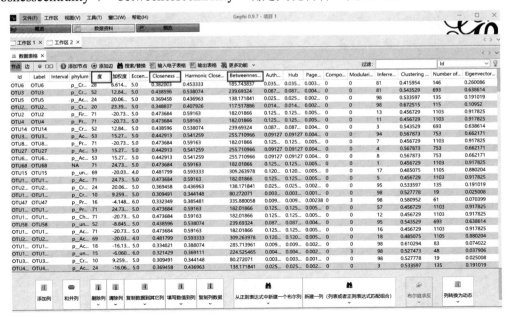

图 13-25　数据资料中节点数据界面

附 录

附录1 微生物实验室安全须知

微生物实验室是一种研究微生物的特性和作用的实验室。虽然这种实验室的工作具有重要意义,但含有生物样品并操作需要小心,因此实验室的安全应得到高度关注。

为了确保土壤微生物实验室的安全,以下是需要遵循的安全须知:

一、实验室入口和出口

当进入实验室时,必须经过培训和签署相关协议后方能进入。此外,在进出实验室时,应遵循以下规定:

1. 确保您穿戴适当的衣服和鞋子,如长裤和密闭式鞋子。
2. 在进入实验室之前洗手并穿戴实验室提供的实验室服装和防护眼镜等。
3. 接触微生物或含有微生物的物品后,脱掉手套后和离开实验室前要洗手。
4. 不允许在实验室内饮食。
5. 只有经批准的人员方可进入实验室工作区域,实验室的门应保持关闭。

二、个人安全措施

在进行任何实验室操作或处理土壤样本时,都需要遵循以下安全措施:

1. 要注意不同的微生物可能会导致不同的疾病或反应。
2. 具有较强腐蚀性或有毒作用的化学药品仅得由合格人员操作和处理。
3. 使用实验室配备的防护手套、口罩、防护眼镜等防护设备以避免直接接触微生物样品对皮肤或其他地方造成危害。
4. 在分装和处理土壤样本时,要确保实验室内没有任何开放性火源。
5. 将使用好的器具存储在相应的位置,不留在操作台上,以防止细菌在器具表面滋生。

三、仪器设备使用

1. 超净工作台

(1)操作前应对操作台面进行消毒,将消毒液喷洒在操作台面上,并用无菌纸巾擦拭,直到表面干燥。此举可以有效杀灭表面的微生物,减少交叉感染的风险。

(2)操作过程中必须关闭紫外灯,切勿暴露在紫外线下。实验结束后再次对操作台面进行完整彻底的消毒。

(3)在实验结束后,再次对操作台面进行消毒处理。需不间断地将消毒液喷洒在操作台面上,并用无菌纸巾擦拭干净,确保表面没有残留的细菌、病毒等物质。

2. 高压蒸汽灭菌锅

(1) 在进行高压灭菌锅操作前，必须先进行端头检查确保所有末端都完好无损。同时，还需检查管道、阀门等配件是否正常，检查进水口的水位是否在限制线以下。

(2) 在等待设备内部降温时，不要过早打开门或触碰设备壳体。当打开灭菌锅门时，请将面罩或防护眼镜戴好，以避免高温蒸汽伤害人体。

(3) 必须对灭菌锅进行定期清洁及消毒。

3. 生物安全柜

(1) 使用前用消毒液彻底清洗手及手臂。穿上工作服，戴橡胶手套并套在袖口上，如有必要的话，戴防护眼镜和防护面罩。

(2) 确认玻璃窗处于关闭位置后，打开紫外灯，对安全柜内工作空间进行灭菌。灭菌结束后，关闭紫外灯。

(3) 在操作期间，避免随便移动材料，避免操作者的手臂在前方开口处频繁移动，尽量减少气流干扰。尽量不要使用明火。抬起玻璃窗至正常工作位置。

(4) 打开外排风机。打开荧光灯及内置风机。检查回风格栅，使之不要被物品堵塞。在无任何阻碍状态下，让安全柜至少工作 10 min。

(5) 全部工作结束后，用 70% 的乙醇或适当的中性消毒剂，擦拭安全柜内表面，让安全柜在无任何阻碍的情况下继续至少工作 5 min，以清除工作区域内浮尘污染。

四、土壤样品处理

1. 操作者应穿戴实验室安全要求的个人防护装备，包括手套、口罩、护目镜等，并注意避免直接接触土壤样本。

2. 在处理土壤样品时，必须使用无菌技术以避免异物污染。实验者应准备无菌器皿、工具和无菌培养基等材料，将样品分离到无菌器皿中，避免杂菌污染。

3. 采集后的土壤必须进行合适的处理和存储，不应轻易丢弃。对于长期存储的样品，其标本应暴露在外用于消毒并安排适当的储存。

总之，为了确保土壤微生物实验室的安全，每个人都应该遵循一些安全规定，遵循这些基本原则，有助于确保土壤微生物实验室研究的安全，同时也可以使操作更加高效和有利于科研的顺利开展。

附录2　微生物实验室无菌、安全和急救知识

一、微生物实验安全

（1）实验过程中，切勿将乙醇、丙酮等易燃品靠近火焰。如遇火险，要先切断火源，再用沙土或湿布灭火，必要时应使用灭火器。

（2）凡是产生烟雾、有毒气体和有臭味气体的实验，均应在通风橱内进行。橱门应紧闭，非必要时不能打开。

（3）称量药品时严禁药匙交叉使用，也严禁取出的药品又倒回药瓶中，以免造成污染。严禁用嘴吸取试剂或菌液。

（4）使用过的废液及琼脂培养基不得直接倒入水池，应先进行灭菌处理，然后再将废液倒入下水道，将琼脂培养基埋掉。

（5）遇有盛菌的试管或试剂瓶打破要及时报告。

（6）离开实验室前要将桌面擦净，清扫卫生，检查电源、火源、自来水、门窗是否关闭，以确保安全。

二、无菌概念

实际上这只是一种习惯用语。实验、科研或生产实践中使用的微生物必须是纯种或单一的菌株，也就是除实验用菌外，无其他杂菌的污染。

三、实验室急救

在实验过程中不慎发生受伤事故，应立即采取适当的急救措施。

（1）受玻璃割伤及其他机械损伤：首先必须检查伤口内有无玻璃或金属等的碎片，然后用硼酸水洗净，再擦碘酒或紫药水，必要时用纱布包扎。若伤口较大或过深而大量出血，应迅速在伤口上部和下部扎紧血管止血，立即到医院诊治。

（2）烫伤：一般用浓的（90%～95%）乙醇消毒后，涂上苦味酸软膏。如果伤处红痛或红肿（一级灼伤），可用橄榄油或用棉花蘸酒精敷盖伤处；若皮肤起泡（二级灼伤），不要弄破水泡，防止感染；若伤处皮肤呈棕色或黑色（三级灼伤），应用干燥且无菌的消毒纱布轻轻包扎好，急送医院治疗。

（3）强碱（如氢氧化钠、氢氧化钾）：钠、钾等触及皮肤而引起灼伤时，要先用大量自来水冲洗，再用5%乙酸溶液或2%乙酸溶液涂洗。

（4）强酸、溴等触及皮肤而致灼伤时，应立即用大量自来水冲洗，再以5%碳酸氢钠溶液或5%氢氧化钠溶液洗涤。

（5）如酚触及皮肤引起灼伤，应该用大量的自来水清洗，并用肥皂和自来水洗涤，忌

用乙醇。

（6）触电时可按下述方法之一切断电路：关闭电源，用干木棍使导线与被害者分开；使被害者和土地分离。急救时急救者必须做好防止触电的安全措施，手或脚必须绝缘。

附录3　微生物实验室常用器皿

微生物实验室常用器皿有培养皿和锥形瓶（用于微生物的培养）、试管（用于微生物的保存和菌液的稀释等）、吸管（用于吸取菌液）等，使用前一般需经洗涤、包装、灭菌（干热或湿热）后才能使用，因此对其质量、洗涤和包装方法均有一定的要求。一般玻璃器皿选用硬质玻璃方可耐受高温（121℃）、高压（0.1 MPa）和短时火焰灼烧，以下对实验常用器皿的类别、规格和使用进行介绍：

1．试管（test tube）

微生物学实验所用的试管为直口（勿使用翻口，以防止外界空气进入造成污染）；盛装培养基时需加盖棉塞或塑料帽、铝帽、硅胶泡沫塑料塞。

根据用途和大小（一般是用管外径与管长的乘积来表示）分为3种：

（1）大试管（18 mm×180 mm）：可用于盛装制平板的固体培养基；制备琼脂斜面；盛装液体培养基。

（2）中试管（15 mm×150 mm）：可用于制备琼脂斜面、盛液体培养基，也可用于菌液、病毒悬液的稀释及血清学试验。

（3）小试管［（10～12）mm×100 mm］：一般用于细菌或酵母菌的糖发酵试验或血清学试验。

2．烧杯（beaker）与锥形烧瓶（erlenmeyer flask）

常用的烧杯容积分别为50 mL、100 mL、250 mL、500 mL和1 000 mL等，主要用于配制培养基和各种溶液。锥形烧瓶的容积有100 mL、250 mL、500 mL和1 000 mL等，主要用于盛装无菌水、琼脂固体培养基和液体培养基。

3．培养皿（petri dish）

在微生物学实验中，培养皿是进行微生物培养、分离纯化、菌落形态观察、菌落计数、遗传突变株筛选、噬菌斑形成、基因工程菌株筛选等最常用的器皿。培养皿材质基本上分为两类，主要为塑料材质和玻璃材质。塑料可能是聚乙烯材料，有一次性的和多次使用的。培养皿由一个底和一个盖组成。一般常用的培养皿，皿底直径90 mm，高15 mm，皿盖和皿底均为玻璃材质。

4．Eppendorf管

这类管又称小塑料离心管。有多种型号，如0.2 mL、0.5 mL、1.5 mL和2.0 mL。主要用于微生物分子生物学实验中少量菌体的离心、DNA和RNA的提取等。

5．吸管（pipette）

（1）玻璃吸管（glass pipette）

微生物学实验室常用的刻度玻璃吸管为0.1 mL、1 mL、2 mL、5 mL、10 mL和25 mL，是一种精密计量液体的仪器，用于吸取菌悬液或其他溶液。

刻度玻璃吸管的使用方法：

①使用前观察吸管有无破损，污渍。观察吸管的规格：所用吸管的规格应等于或近似等于所要吸取溶液的体积。观察有无"吹"字：若有，说明刻度到尖端，放液后需将尖端的溶液吹出，否则不吹。

②握法：拇指和中指夹住吸管，食指游离。

③取液：垂直入液，入液深度适中，洗耳球吸取，取液高度高于刻度 2～3 cm，食指按紧吸管上端，刻度吸管提离液面，观察液内无气泡，则擦净管壁。

④放液至刻度：刻度吸管垂直，右眼与刻度线平行，轻轻松开食指（转动刻度吸管），使液面缓慢降低，直至最低点与刻度线相切。

⑤放液至容器刻度：吸管垂直，容器倾斜 45℃，使溶液自然流入容器，注意吹与不吹。

⑥一根吸管只吸取一种试剂，用后立即浸入水中。

刻度玻璃吸管的读数方法：

①在吸液与读数时保持吸管垂直。

②读数时保持液面与双眼成一水平线。

③液体在吸管中因表面张力作用会形成一个凹面，读数时要取凹面底部的数值。

注意：在吸取不计量的液体，如染色液、离心上清液、无菌水、少量抗原、抗体、酸、碱溶液等可用具乳胶头的毛细吸管，即滴管。

（2）微量加样器（micropipette）

微量加样器又称微量吸管，用于吸取微量液体，规格型号较多，每种在一定范围内可调节几个体积，并标有使用范围，如 1～10 μL、2～0 μL、20～100 μL 等。加样器只能在特定量程范围内准确移取液体，不可超过量程使用，如超出最低或最大量程，会损坏加样器并导致计量不准。使用时：①将合适的塑料吸嘴（tip）牢固地套在微量加样器的下端；②旋动调节键，使数字显示器显示出所需吸取的体积；③手握移液器，大拇指按下按钮，直到遇到一个阻力即第一止点位置，将加样器垂直浸入液面 2～3 mm，然后缓慢平稳地松开拇指，慢慢吸入液体，注意不要有气泡，尽量避免使用加样器吸取腐蚀性液体，防止由于过快吸入造成腐蚀性液体溅到加样器杆上，造成加样器被腐蚀；④释放液体：将枪头头部靠在容器壁上，并保持 10～40℃倾斜，平稳地把按钮压到第一停点，即第一阻力点，停 1～2 s，继续按压到第二止点，排除残余液体；⑤提起加样器，同时松开按钮，使之回到起始位置；⑥按压卸枪头按钮去除吸头，将吸头弃在废液缸内；⑦使用完毕，将加样器调到最大量程，这样有利于加样器的保养。

注意：改用不同样本时必须更换吸头。移液器必须卸下枪头后才能放到桌面上，防止吸头内未释放完的液体回流至移液器内。微量移液器应每年做定期校准，以保证其精确性。

6. 载玻片（slide）与盖玻片（cover slip）

普通载玻片为长方形，大小为 75 mm×25 mm，常用于微生物涂片、染色进行形态观察及免疫学中的凝集反应等。盖玻片是盖在载玻片上的材料，可以避免液体和物镜相接触，以免污染物镜，并且可以使被观察的细胞最上方处于同一平面。

凹玻片是在中央有一圆形凹窝的厚载玻片，用于制作悬滴片进行细菌运动的观察或微室培养等。

附录 4　微生物实验室相关仪器的使用

一、高压蒸汽灭菌器使用规程

（一）全自动高压蒸汽灭菌器使用规程

（1）在设备使用中，应对安全阀加以维护和检查。当设备闲置较长时间重新使用时，应扳动安全阀上小扳手，检查阀芯是否灵活，防止因弹簧锈蚀影响安全阀起跳。

（2）设备工作时，当压力表指示超过 0.165 MPa 时，若安全阀不开启，应立即关闭电源，打开放气阀旋钮。当压力表指针回零时，稍等 1~2 min，再打开容器盖并及时更换安全阀。

（3）堆放灭菌物品时，严禁堵塞安全阀的出气孔，必须留出空间保证其畅通放气。

（4）每次使用前必须检查外桶内水量是否保持在灭菌桶搁脚处。

（5）若灭菌器持续工作，在进行新的灭菌作业前，应留有 5 min 的时间，并打开上盖让设备冷却。

（6）灭菌液体时，应将液体罐装在硬质的耐热玻璃瓶中，以不超过 3/4 体积为好。瓶口选用棉花纱塞，切勿使用未开孔的橡胶或软木塞。

特别注意：在灭菌液体结束时不准立即释放蒸汽，必须待压力表指针回复到零位后方可排放残余蒸汽。

（7）切勿将不同类型、不同灭菌要求的物品，如敷料和液体等，放在一起灭菌，以免顾此失彼，造成损失。

（8）取放物品时注意不要被蒸汽烫伤（可戴上线手套）。

（二）手提式高压蒸汽灭菌锅使用规范

（1）准备：先将内层灭菌桶取出，再向外层锅内加入适量的去离子水或蒸馏水，以水面与三角搁架相平为宜。

（2）放回灭菌桶，装入待灭菌物品。注意不要装得太挤，以免妨碍蒸汽流通而影响灭菌效果。三角烧瓶与试管口端均不要与桶壁接触，以免冷凝水淋湿包口的纸而透入棉塞。

（3）加盖，将盖上的排气软管插入内层灭菌桶的排气槽内。以两两对称的方式同时旋紧相对的两个螺栓，使螺栓松紧一致，勿使漏气。

（4）加热并同时打开排气阀，使水沸腾以排除锅内的冷空气。待冷空气完全排尽后，关上排气阀，让锅内的温度随蒸汽压力增加而逐渐上升。当锅内压力升到所需压力时，控制热源，维持压力至所需时间（在温度或者压力达到所需时，一般为 121℃，0.1 MPa）。此时需要切断电源，停止加热。当温度下降时，再开启电源开始加热，使温度维持在恒定的范围之内。

（5）灭菌所需时间到后，切断电源，让灭菌锅内温度自然下降。当压力表的压力降至0时，打开排气阀，旋松螺栓，打开盖子，取出灭菌物品。

注意事项：

（1）灭菌物品不能堆得太满、太紧，以免影响温度均匀上升。

（2）降温时待温度自然降至60℃以下再打开箱门取出物品，以免因温度过高时骤然降温导致玻璃器皿炸裂。

（3）在灭菌过程中，应注意排净锅内冷空气。

（4）因为高压蒸汽灭菌时，要使用温度高达120℃、两个大气压的过热蒸汽，所以操作时必须严格按照操作规程操作，否则容易发生意外事故。

（5）不同类型的物品不应放在一起进行灭菌。

（6）在未放气，器内压力尚未降到"0"位以前，绝对不允许打开器盖。

二、冰箱、冰柜使用规程

1．开机冰箱、冰柜

按说明书要求放好后，插上电源线，确定其在正常供电状态下。将冰箱、冰柜调节到所需功能。

2．物品的放置/取出

（1）打开冰箱、冰柜相应功能的箱门，将所需放置/取出的物品，放置/取出在冰箱、冰柜内。

（2）物品放置好/取出后，将箱门关严，通过屏幕显示确定其在正常供电的情况。

（3）做好相应登记后方可离开。

3．安全使用注意事项

（1）严禁贮存或靠近易燃、易爆、有腐蚀性物品及易挥发的气体、液体，不得在有可燃气体的环境中存放或使用。

（2）实验室使用冰箱、冰柜内禁止存放与实验无关的物品。储存在冰箱内的所有容器应当清楚地标明内装物品的科学名称、储存日期和储存者的姓名。未标明的或废旧物品应当高压灭菌并丢弃。

（3）放入冰箱、冰柜内的所有试剂、样品、质控品等必须密封保存。

（4）箱体表面请勿放置较重或较热的物体，以免变形。

（5）保持冰箱、冰柜出水口通畅。

（6）在清洁/除霜时，切不可用有机溶剂、开水及洗衣粉等对冰箱有害的物质。

（7）每日观察冰箱、冰柜温度并记录。

三、天平操作规程

（1）使用天平前应先观察水准器中气泡是否在圆形水准器正中，如偏离中心，应调节地脚螺栓使气泡保持在水准器正中央。单盘天平（机械式）调整前面的地脚螺栓，电子天平调整后面的地脚螺栓。

（2）天平内须放置变色硅胶等干燥剂，使用前应观察变色硅胶颜色。如硅胶变色必须及时更换干燥硅胶,将吸水失效的硅胶放入烘箱内烘干恢复颜色以备以后使用。

(3) 天平使用前应首先调零,电子天平使用前还应用标准砝码校准。

(4) 天平门开关时动作要轻,防止震动影响天平精度和准确读数。

(5) 天平称量时要将天平门关好,严禁开着天平门时读数,防止空气流动对称量结果造成影响。

(6) 电子天平的去皮键使用要慎重,严禁用去皮键使天平回零。

(7) 如发现天平的托盘上有污物要立即擦拭干净。天平要经常擦拭,保持洁净。擦拭天平内部时要用洁净的干布或软毛刷,如干布擦不干净可用95%酒精擦拭。严禁用水擦拭天平内部。

(8) 同一次分析应用同一台天平,避免系统误差。

(9) 天平载重不得超过最大负荷。

(10) 被称物应放在干燥清洁的器皿中称量,挥发性、腐蚀性物品必须放在密封加盖的容器中称量。

(11) 电子天平接通电源后应预热2 h才能使用。

(12) 搬动或拆装天平后要检查天平性能。

(13) 称量完毕后将所用称量纸带走。

(14) 称量完毕,保持天平清洁,物品按原样摆放整齐。

四、恒温培养箱使用规范

1. 目的
建立恒温培养箱标准操作及维修保养规程,用以保证实验仪器操作的一致性。

2. 操作前准备
对箱体内进行清洁,消毒。

3. 操作过程
(1) 接通电源,开启电源开关。

(2) 调节调节器按钮至调节温度档,并调节至所需温度,点击确认按钮。加热指示灯亮,培养箱进入升温状态。

(3) 如温度已超过所需温度时,可将调节器按钮调至调节温度挡,并调节至所需温度,待温度降至所需温度时,红灯指示灯自动熄灭点,方能自动控制所需温度。

(4) 箱内之温度应以温度表指示的数值为准。

4. 维修保养及注意事项
(1) 恒温培养箱必须有效接地,以保证使用安全。

(2) 在通电使用时忌用手触及箱左侧空间内的电器部分,或用湿布揩抹及用水冲洗。

(3) 电源线不可缠绕在金属物上或放置在潮湿的地方。必须防止橡皮老化以及漏电。

(4) 箱内实验物放置不宜过挤,应使空气流动畅通,保持箱内受热均匀。在实验时,应将顶部适当旋开,使湿空气外逸以利于箱内温度调节。

(5) 箱内外应保持清洁,每次使用完毕应当进行清洁。

(6) 若长时间停用,应将电源切断。

五、净化工作台使用规范

1. 操作规程

（1）使用净化工作台时，应提前 50 min 开机，同时开启紫外杀菌灯，处理操作区内表面积累的微生物。30 min 后关闭杀菌灯（此时日光灯即开启），启动风机。

（2）对于新安装的或长期未使用的净化工作台，使用前必须先用超静真空吸尘器或用不产生纤维的工具对净化工作台和周围环境进行清洁，再采用药物灭菌法或紫外线灭菌法进行灭菌处理。

（3）操作区内不允许存放不必要的物品，保持操作区的洁净气流流型不受干扰。

（4）操作区内尽量避免明显扰乱气流流型的动作。

（5）操作区的使用温度不可以超过 60℃。

2. 维护规程及维护方法

（1）根据环境的洁净程度，可定期（一般 2~3 个月）拆洗或更换粗滤布（涤纶无纺布）。

（2）定期（一般为 1 周）对周围环境进行灭菌，同时经常用纱布蘸酒精或丙酮等有机溶剂擦拭紫外线杀菌灯表面，保持表面清洁，否则会影响杀菌效果。

（3）操作区平均风速保持在 0.32~0.48 m/s。

六、生物安全柜使用规程

（1）操作前应将本次操作所需的全部物品移入安全柜，避免双臂频繁穿过气幕破坏气流；并且在物品移入前用 70% 的酒精擦拭表面消毒，以去除污染。

（2）打开风机 5~10 min，待柜内空气净化且气流稳定后再进行实验操作。将双臂缓缓伸入安全柜，至少静止 1 min，待柜内气流稳定后再进行操作。

（3）安全柜内不放与本次实验无关的物品。柜内物品摆放应做到清洁区、半污染区与污染区基本分开，操作过程中物品取用方便，且三区之间无交叉。物品应尽量靠后放置，但不得挡住气道口，以免干扰气流正常流动。

（4）操作时应按照从清洁区到污染区进行，以避免交叉污染。为防可能溅出的液滴，可在台面上铺一用消毒剂浸泡过的毛巾或纱布，但不能覆盖住安全柜格栅。

七、移液管的使用方法

移液管是一类准确地移取定量溶液的玻璃器具。分 1 mL、2 mL、5 mL、10 mL 的移液管。还有一种移液管中间有膨起的部位，叫大肚管。大肚管只能移取定量的液体。在每个刻度管的上面都有标线标识所取液体的体积。

（1）选择适合的移液管。例如，如果要移取 2.5 mL 液体，那需要选 5 mL 的移液管。

（2）检查移液管是否有破损。移液管的前端是尖头的，在拿取或者保存的时候很容易被毁坏。因此，使用前应该检查移液管是否完整无损。

（3）检查移液管是否干净。实验室的移液管可用 10% 的稀盐酸浸泡，清洗干净。

（4）用吸耳球吸取液体。把移液管插到液面以下，捏瘪吸耳球，吸取液体到移液管中，并使吸得液体高于刻度线。

（5）放液体至刻度线。手松开一点点，让液体流下，直到凹液面与刻度线齐平。

注意：观察时眼睛应平视凹液面。这时移液管里的液体即达到了所需的体积。

（6）手盖住移液管的上端，移动移液管到烧杯。松开手指，液体就流到了烧杯里。

（7）用过的移液管应该浸泡、清洗。根据自己的需求可以将移液管于稀盐酸或者稀硝酸中浸泡 24 h，然后戴着手套取出，用蒸馏水冲洗移液管上残留的盐酸或者硝酸。

（8）保存移液管。将冲洗后的移液管放在移液管架上，让移液管自然晾干。

注意：一定要将移液管放在移液管架上，因为若放在别的地方，稍有不注意就会损坏移液管的前端。

八、显微镜的保养

显微镜的光学系统是显微镜的主体，尤其是物镜和目镜。在显微镜使用和保存时应注意以下几个问题。

（1）避免直接在阳光下暴晒。透镜与透镜、透镜与金属都是通过树脂或亚麻仁油黏合起来的。金属与透镜膨胀系数不同，受高热膨胀不均，透镜可能脱落或破裂。树脂受高热融化，透镜也会脱落。

（2）避免与挥发性药品或腐蚀性酸类一起存放。碘片、酒精、醋酸、盐酸和硫酸等对显微镜金属质机械装置和光学系统都是有害的。

（3）透镜要用擦镜纸擦拭。干擦镜纸擦不净时，可用擦镜纸蘸无水乙醇（或二甲苯）擦拭，但乙醇（或二甲苯）用量不宜过多，擦拭时间也不宜过长，以免黏合透镜的树脂融化，使透镜脱落。

（4）不能随意拆卸显微镜，尤其不能随意拆卸物镜、目镜、镜筒，因拆卸后空气中的灰尘落入里面会滋生霉菌。机械装置经常加润滑油，减少因摩擦而受损的概率。

（5）不用手指触摸镜面。沾有有机物的镜片，时间长了会滋生霉菌。因此，每次使用后，所有目镜和物镜都要用擦镜纸擦净。

（6）显微镜应存放在干燥处。镜箱内要放硅胶吸收潮气。目镜、物镜放在盒内并存于干燥器中，避免受潮。

附录5 微生物实验室常见培养基

1. 牛肉膏蛋白胨培养基（用于细菌培养）

牛肉膏 3 g，氯化钠 5 g，蛋白胨 10 g，琼脂 20 g，蒸馏水 1 000 mL，pH 7～7.2，高压（121℃）灭菌 15～20 min，备用。若配制半固体培养基，需加琼脂的质量浓度为 3～5 g/L。如配制液体培养基，则不需添加琼脂。

2. 高氏 I 号培养基（用于放线菌培养）

可溶性淀粉 20 g，KNO_3 1 g，NaCl 0.5 g，$KH_2PO_4·3H_2O$ 0.5 g，$MgSO_4·7H_2O$ 0.5 g，$FeSO_4·7H_2O$ 0.01 g，水 1 000 mL，pH 7.4～7.6。

配制时注意：可溶性淀粉要先用冷水调匀后再加入以上培养基中。

3. 马丁氏（Martin）培养基（用于从土壤中分离真菌）

K_2HPO_4 1 g，$MgSO_4·7H_2O$ 0.5 g，蛋白胨 5 g，葡萄糖 10 g，1/3 000 孟加拉红水溶液 100 mL，水 900 mL，自然 pH，121℃湿热灭菌 30 min。待培养基溶化后冷却至 55～60℃时加入链霉素（链霉素最终含量为 30 g/mL）。

4. 马铃薯培养基（PDA）（用于霉菌或酵母菌培养）

马铃薯（去皮）200 g，蔗糖（或葡萄糖）20 g，水 1 000 mL。配制方法如下：将马铃薯去皮，切成约 2 cm^3 的小块，放入 1 500 mL 的烧杯中煮沸 30 min。

注意：用玻棒搅拌以防糊底，然后用双层纱布过滤，取其滤液加糖，再补足至 1 000 mL，自然 pH。霉菌用蔗糖，酵母菌用葡萄糖。

5. 察氏培养基（蔗糖硝酸钠培养基）（用于霉菌培养）

蔗糖 30 g，$NaNO_3$ 2 g，K_2HPO_4 10 g，$MgSO_4·7H_2O$ 0.5 g，KCl 0.5 g，$FeSO_4·7H_2O$ 0.1g，水 1 000 mL，pH 7.0～7.2。

6. 麦氏（McCLary）培养基（醋酸钠培养基）

葡萄糖 1 g，KCl 1.8 g，酵母膏 2.5 g，醋酸钠 8.2 g，琼脂 15 g，蒸馏水 1 000 mL，自然 pH。溶解后分装试管，121℃湿热灭菌 15 min。

7. 豆芽汁培养基

黄豆芽 500 g，加水 1 000 mL，煮沸 1 h，过滤后补足水分，121℃湿热灭菌后存放备用，此即为 50% 的豆芽汁。

用于细菌培养：10% 豆芽汁 200 mL，葡萄糖（或蔗糖）50 g，水 800 mL，pH 7.2～7.4。

用于霉菌或酵母菌培养：10% 豆芽汁 200 mL，糖 50 g，水 800 mL，自然 pH。霉菌用蔗糖，酵母菌用葡萄糖。

8. LB（Luria-Bertani）培养基（细菌培养，常在分子生物学中应用）

双蒸馏水 950 mL，胰蛋白胨 10 g，NaCl 10 g，酵母提取物（bacto-yeast extract）5 g，用 1 mol/L NaOH 调 pH 至 7.0，加双蒸馏水至总体积为 1 L，121℃湿热灭菌 30 min。

含氨苄青霉素的 LB 培养基：待 LB 培养基灭菌后冷至 50℃左右加入抗生素，至终浓度为 80～100 mg/L。

9. 麦芽汁培养基（富集乳酸菌）

取大麦芽一定数量，粉碎，加 4 倍于麦芽量的 60℃的水，在 55～60℃下，保温糖化，不断搅拌，经 3～4 h 后，用纱布过滤，除去残渣，煮沸后再重复用滤纸或脱脂棉过滤一次，即得澄清的麦芽汁（每 1 000 g 麦芽粉能制得 15°～18°Brix 麦芽汁 3 500～4 000 mL），加水稀释成 10°～12°Brix 的麦芽汁，固体麦芽汁培养基还要加琼脂 2%。自然 pH，121℃灭菌 20 min。

10. 葡萄糖碳酸钙培养基（分离醋酸菌）

葡萄糖 1.5%，酵母膏 1%，$CaCO_3$ 1.5%，琼脂 2%，自然 pH，121℃灭菌 20 min。

11. 麦芽汁碳酸钙培养基

麦芽汁（10°Brix）100 mL，碳酸钙（预先灭菌）1 g，琼脂 2 g，自然 pH，121℃灭菌 20 min。

12. 淀粉培养基（分离淀粉酶生产菌）

牛肉膏 0.5%，蛋白胨 0.5%，NaCl 0.5%，可溶性淀粉 2%，琼脂 1.8%，pH 7.2，121℃灭菌 30 min。配制时，先用少量水将淀粉调成糊状，在火上加热，边搅边加水及其他成分，溶化后补足水分。

13. 酪素培养基（分离蛋白酶生产菌）

KH_2PO_4 0.036%，$MgSO_4 \cdot 7H_2O$ 0.05%，$ZnCl_2$ 0.001 4%，Na_2HPO_4 0.107%，NaCl 0.016%，$CaCl_2$ 0.000 2%，$FeSO_4$ 0.000 2%，酪素 0.4%，Trypticase 0.005%，琼脂 2%，pH 6.5～7.0，121℃灭菌 20 min。

14. BCG 牛乳营养琼脂（分离乳酸菌）

脱脂乳粉 10 g 溶于 50 mL 水中，加入 1.6%溴甲酚绿酒精溶液 0.07 mL，121℃灭菌 20 min；另取 2 g 琼脂溶于 50 mL 水中，加酵母膏 1 g，溶解后调 pH 至 6.8，121℃灭菌 20 min。趁热将两部分无菌混合均匀。

15. 甘露醇酵母汁培养基（培养根瘤菌）

甘露醇 10.0 g，K_2HPO_4 0.5 g，NaCl 0.1 g，酵母汁 100 mL，$MgSO_4 \cdot 7H_2O$ 0.20 g，$CaCO_3$ 3.0 g，蒸馏水 900 mL，pH 7.2。

酵母汁制法：称干酵母 100 g，加蒸馏水 1 000 mL，煮沸 1 h 后，121℃灭菌 30 min。冷却后置冰箱中保存。待酵母完全沉淀后，取上层溶液，即得酵母汁。

16. 加入结晶紫或刚果红的根瘤菌培养基

在上述根瘤菌培养基中加 1/100 000 的结晶紫或 1/25 000 的刚果红。

（1）结晶紫液配制使用法，称取 1 g 结晶紫研碎后，加少量 95%酒精细研，至完全溶解。加蒸馏水稀释成 100 mL，得 1%结晶紫液，每 1 000 mL 培养基加 1 mL、1%结晶紫液，即相当于 1/100 000。

（2）刚果红液配制使用法，将 0.4 g 刚果红溶于 100 mL 蒸馏水中，得 0.4%刚果红液。每 1 000 mL 培养基加 10 mL、0.4%刚果红液，即相当于 1/25 000。

以上两液可低温贮存备用。

17. 豆芽汁葡萄糖培养基

豆芽浸汁（10 g 黄豆芽加水煮沸 30 min 后过滤）100 mL，葡萄糖 3 g，琼脂 1.5～2 g，自然 pH，115℃灭菌 20 min。

18. 葡萄糖豆汁培养基

豆汁 100 mL，酵母膏 2 g，葡萄糖 3 g，自然 pH，115℃灭菌 20 min。豆汁制备：取黄豆 100 g，加水 1 000 mL，煮 30～40 min，取汁备用。

19. 明胶培养基

牛肉膏蛋白胨液 1 000 mL，明胶 120～180 g，pH 7.2～7.4。

20. 石蕊牛奶培养基

用新鲜牛奶（注意在牛奶中不要掺水，否则会影响实验结果），反复加热，除去脂肪。每次加热 20～30 min，冷却后除去脂肪，在最后一次冷却后，用吸管从底层吸出牛奶，弃去上层脂肪。将脱脂牛奶的 pH 调至中性。用 1%～2%石蕊液，将牛奶调至呈淡紫色偏蓝为止。

石蕊液的配制：石蕊颗粒 80 g，40%乙醇 300 mL。配制时，先把石蕊颗粒研碎，然后倒入有一半体积的 40%乙醇溶液中，加热 1 min，倒出上层清液，再加入另一半体积的 40%乙醇溶液中再加热 1 min，再倒出上层清液，将两部分溶液合并，并过滤。如果总体积不足 300 mL，可添加 40%乙醇，最后加入 0.1 mol/L HCl 溶液，搅拌，使溶液呈紫红色。

配好的石蕊牛乳在 112℃灭菌 30 min。

21. 葡萄糖蛋白胨水培养基（用于甲基红试验）

蛋白胨 5 g，葡萄糖 5 g，K_2HPO_4 2 g，水 1 000 mL，pH 7.2，121℃湿热灭菌 20 min。

22. 尿素琼脂培养基

尿素 20 g，琼脂 15 g，NaCl 5 g，KH_2PO_4 2 g，蛋白胨 1 g，酚红 0.012 g，蒸馏水 1 000 mL，pH 6.8±0.2。

23. 柠檬酸盐培养基

$NH_4H_2PO_4$ 1 g，K_2HPO_4 1 g，NaCl 5 g，$MgSO_4$ 0.2 g，柠檬酸钠 2 g，琼脂 15～20 g，蒸馏水 1 000 mL，1%溴香草酚蓝乙醇溶液 10 mL。

24. 油脂培养基

蛋白胨 1 g，牛肉膏 0.5 g，香油或花生油 1 g，中性红（1.6%水溶液）约 0.1 mL，琼脂 1.5～2 g，蒸馏水 100 mL，pH 7.2，121℃灭菌 20 min。

配制时注意事项：不能使用变质油；油和琼脂及水先加热；调 pH 后，再加入中性红使培养基呈红色为止；分装培养基时，须不断搅拌使油脂均匀分布于培养基中。

25. 柠檬酸铁铵半固体培养基（H_2S 试验用）

蛋白胨 2 g，NaCl 0.5 g，柠檬酸铁铵 0.05 g，$Na_2S_2O_3 \cdot 5H_2O$ 0.05 g，琼脂 0.5～0.8 g，蒸馏水 100 mL，pH 7.2，121℃灭菌 20 min。

26. 苯丙氨酸斜面

酵母膏 0.3 g，Na_2HPO_4 0.1 g，DL-苯丙氨酸 0.2 g（或 L-苯丙氨酸 0.1 g），NaCl 0.5 g，琼脂 1.5～2 g，蒸馏水 100 mL，pH 7.0，121℃灭菌 30 min。配制时调 pH 后，分装于试管中，灭菌后摆成斜面。

27. 氨基酸脱酸酶试验培养基

蛋白胨 5 g，酵母浸膏 3 g，葡萄糖 1 g，蒸馏水 1 000 mL，1.6%溴甲酚紫乙醇溶液 1 mL，L-氨基酸或 DL-氨基酸 5 g 或 10 g，pH 6.8。配制时除氨基酸以外的成分加热溶解后，分装每瓶 100 mL，分别加入各种氨基酸：L-赖氨酸、L-精氨酸和 L-鸟氨酸，按 0.5%加入；若用 DL-型氨基酸，按 1%加入，再次校正 pH 至 6.8，对照培养基不加氨基酸，分装于灭菌的小试管内，每管 0.5 mL，上面滴加一层液体石蜡，121℃灭菌 20 min。

28. 硝酸盐还原试验培养基

蛋白胨 1 g，NaCl 0.5 g，KNO_3 0.1~0.2 g，蒸馏水 100 mL，pH 7.4，121℃灭菌 20 min。配制时硝酸钾需用分析纯试剂，装培养基的器皿也需要特别洁净。

29. 蛋白胨水培养基（用于吲哚试验）

蛋白胨 10 g，NaCl 5 g，水 1 000 mL，pH 7.2~7.4，121℃湿热灭菌 20 min。

30. 糖发酵培养基（用于细菌糖发酵试验）

蛋白胨 2 g，NaCl 5 g，K_2HPO_4 0.2 g，水 1 000 mL，溴麝香草酚蓝（1%水溶液）3 mL，糖类 10 g。分别称取蛋白胨和 NaCl 溶于热水中，调 pH 至 7.4，再加入溴麝香草酚蓝（先用少量 95%乙醇溶解后，再加水配成 1%水溶液），加入糖类，分装试管，装量 4~5 cm 高，121℃湿热灭菌 20 min。常用的糖类有葡萄糖、蔗糖、甘露糖、麦芽糖、乳糖、半乳糖等（后两种糖的用量常加大为 1.5%）。

31. 同化碳源基础培养基

$KHPO_4$ 0.5%，KH_2PO_4 0.1%，$MgSO_4 \cdot 7H_2O$ 0.05%，酵母膏 0.02%，水洗琼脂 2%，121℃灭菌 15 min。

32. 同化碳源液体培养基

$(NH_4)_2SO_4$ 0.5%，KH_2PO_4 0.1%，$CaCl_2 \cdot 2H_2O$ 0.05%，$MgSO_4 \cdot 7H_2O$ 0.01%，NaCl 0.01%，酵母膏 0.02%，糖或其他碳源 0.5%。用蒸馏水配，培养基过滤后分装小试管，每管 3 mL，121℃灭菌 20 min。

33. 同化氮源基础培养基（酵母无氮合成培养基）

葡萄糖 2%，KH_2PO_4 0.1%，$MgSO_4 \cdot 7H_2O$ 0.05%，酵母膏 0.02%，水洗琼脂 2%，用蒸馏水配制，过滤后装大试管，每管 20 mL，121℃灭菌 15 min。

34. 产脂培养基

葡萄糖 5 g、10%豆芽汁 100 mL，分装于 50 mL，三角瓶中，每瓶 20 mL，121℃灭菌 20 min。

附录6　微生物实验室常用染色液配制

1. 黑色素液
水溶性黑色素 10 g，蒸馏水 100 mL，甲醛（福尔马林）0.5 mL。可用作荚膜的背景染色。

2. 墨汁染色液
国产绘图墨汁 40 mL，甘油 2 mL，液体石炭酸 2 mL。先将墨汁用多层纱布过滤，加甘油混匀后，水浴加热，再加石炭酸搅匀，冷却后备用。可用作荚膜的背景染色。

3. 吕氏（Loeffler）美蓝染色液
A 液：美蓝（methylene blue，又名甲烯蓝）0.3 g，95%乙醇 30 mL。

B 液：0.01% KOH 100 mL。

混合 A 液和 B 液即成，用于细菌单染色，可长期保存。根据需要可配制成稀释美蓝液，按 1∶10 或 1∶100 稀释均可。

4. 革兰氏染色液
（1）结晶紫（crystal violet）液

结晶紫乙醇饱和液（结晶紫 2 g 溶于 20 mL 95%乙醇中）20 mL，1%草酸铵水溶 80 mL。将两液混匀静置 24 h 后过滤即成。此液不易保存，如有沉淀出现，需重新配制。

（2）鲁哥氏（Lugol's）碘液

碘 1 g，碘化钾 2 g，蒸馏水 300 mL。先将碘化钾溶于少量蒸馏水中，然后加入碘使之完全溶解，再加蒸馏水至 300 mL 即成。配成后贮于棕色瓶内备用，如变为浅黄色即不能使用。

（3）95%乙醇

用于脱色，脱色后可选用以下（4）或（5）的其中一项复染即可。

（4）稀释石炭酸复红溶液

配制碱性复红乙醇饱和液（碱性复红 1 g，95%乙醇 10 mL，5%石炭酸 90 mL 混合溶解即成碱性复红乙醇饱和液）。取碱性复红乙醇饱和液 10 mL 加蒸馏水 90 mL 即成。

（5）番红溶液

番红 O（safranine，又称沙黄 O）2.5 g，95%乙醇 100 mL，溶解后可贮存于密闭的棕色瓶中，用时取 20 mL 与 80 mL 蒸馏水混匀即可。

以上染液配合使用，可区分出革兰氏染色阳性（G^+）或阴性（G^-）细菌，G^+细菌被染成蓝紫色，G^-细菌被染成淡红色。

5. 鞭毛染色液
（1）硝酸银鞭毛染色液

A 液：丹宁酸 5.0 g，$FeCl_3$ 1.5 g，15%甲醛（福尔马林）2.0 mL，1%NaOH 1.0 mL，蒸

馏水 100 mL。

B 液：AgNO₃ 2.0 g，蒸馏水 100 mL。

待 AgNO₃ 溶解后，取出 10 mL 备用，向其余的 90 mL AgNO₃ 中滴加 NH₄OH，即可形成很厚的沉淀，继续滴加 NH₄OH 至沉淀刚刚溶解成为澄清溶液为止。再将备用的 AgNO₃。慢慢滴入，则溶液出现薄雾，但轻轻摇动后，薄雾状的沉淀又消失，继续滴入 AgNO₃，直到摇动后仍呈现轻微而稳定的薄雾状沉淀为止，如雾重，说明有银盐沉淀析出，不宜再用。通常在配制当天使用，次日效果欠佳，第 3 天则不能使用。

（2）Leifson 式鞭毛染色液

A 液：碱性复红 1.2 g，95%乙醇 100 mL。

B 液：单宁酸 3.0 g，蒸馏水 100 mL。

C 液：NaCl 1.5 g，蒸馏水 100 mL。

临用前将 A、B、C 液等量混合均匀后使用。

6．0.5%沙黄（Safranine）液

2.5%沙黄乙醇液 20 mL，蒸馏水 80 mL。将 2.5%沙黄乙醇液作为母液保存于不透气的棕色瓶中，使用时再稀释。

7．5%孔雀绿水溶液

孔雀绿 5.0 g，蒸馏水 100 mL。

8．0.05%碱性复红

碱性复红 0.05 g，90%乙醇 100 mL。

9．齐氏（Ziehl）石炭酸复红液

碱性复红 0.3 g 溶于 95%乙醇 10 mL 中为 A 液，0.01% KOH 溶液 100 mL 为 B 液。混合 A、B 液即成。

10．姬姆萨（giemsa）染液

（1）贮存液

称取姬姆萨粉 0.5 g，甘油 33 mL，甲醇 33 mL。先将姬姆萨粉研细，再逐滴加入甘油，继续研磨，最后加入甲醇，在 56℃放置 1～24 h 后即可使用。

（2）应用液（临用时配制）

取 1 mL 贮存液加 19 mL pH 7.4 的磷酸缓冲液即成。也可按贮存液：甲醇=1：4 的比例配制成染色液。

11．乳酸石炭酸棉蓝染色液（用于真菌固定和染色）

石炭酸（结晶酚）20 g，乳酸 20 mL，甘油 40 mL，棉蓝 0.05 g，蒸馏水 20 mL。将棉蓝溶于蒸馏水中，再加入其他成分，微加热使其溶解，冷却后用。滴少量染液于真菌涂片上，加上盖玻片即可观察。霉菌菌丝和孢子均可染成蓝色。染色后的标本可用树脂封固，能长期保存。

12．1%瑞氏（Wright's）染色液

称取瑞氏染色粉 6 g，放研钵内磨细，不断滴加甲醇（共 600 mL）并继续研磨使之溶解。经过滤后染液须贮存一年以上才可使用，保存时间越久，则染色色泽越佳。

13．阿氏（Albert）异染粒染色液

A 液：甲苯胺蓝（toluidine blue）0.15 g，孔雀绿 0.2 g，冰醋酸 1 mL，95%乙醇 2 mL，

蒸馏水 100 mL。

B 液：碘 2 g，碘化钾 3 g，蒸馏水 300 mL。

先用 A 液染色 1 min，倾去 A 液后，用 B 液冲去 A 液，并染 1 min。异染粒呈黑色，其他部分为暗绿色或浅绿色。

参考文献

白树猛,田黎. ITS 序列分析在真菌分类鉴定和分子检测中的应用[J]. 畜牧与饲料科学,2009,30(1):52-53,189.

陈剑山,郑服丛. ITS 序列分析在真菌分类鉴定中的应用[J]. 安徽农业科学,2007(13):3785-3786,3792.

陈丽君,周彦妤,靳晓拓,等. 多效唑对热区土壤细菌和真菌的影响及网络互作分析[J]. 农药科学与管理,2020,41(10):35-45.

谷静雨. Linux 的使用、管理与开发[M]. 北京:人民邮电出版社,2000.

顾静馨. 土壤微生物生态网络的构建方法及其比较[D]. 扬州:扬州大学,2015.

关松荫. 土壤酶及其研究法[M]. 北京:农业出版社,1986.

郭瑞齐,管仁伟,李红霞,等. 基于 ITS 序列分析传统轮作对参田土壤真菌群落组成及多样性的影响[J]. 江苏农业科学,2022,50(20):240-245.

何培新. 高级微生物学[M]. 北京:中国轻工业出版社,2017.

黄进勇,周伟. 农田土壤微生物多样性的影响因素及效应[C]//中国生态学会. 生态学与全面·协调·可持续发展——中国生态学会第七届全国会员代表大会论文摘要荟萃. 2004:258-259.

黄兰婷,倪浩为,李新宇,等. 典型红壤水稻土剖面细菌和真菌分子生态网络特征研究[J]. 土壤学报,2021,58(4):1018-1027.

江志阳,尹微. 土壤微生物:可持续农业和环境发展的新维度[J]. 微生物学杂志,2020,40(3):7.

蒋明,朱欣,杨如棉,等. 一株甘蓝内生枯草芽孢杆菌 16S rDNA 序列的克隆与分析[J]. 贵州农业科学,2019,47(3):73-77.

李阜棣. 土壤微生物学[M]. 北京:农业出版社,1961.

李倩星. R 语言实战:编程基础,统计分析与数据挖掘宝典[M]. 北京:电子工业出版社,2016.

李依韦,银玲. rDNA-ITS 序列分析在植物病原真菌分类鉴定中的应用[J]. 内蒙古民族大学学报(自然科学版),2012,27(1):66-67.

林大仪. 土壤学实验指导[M]. 北京:中国林业出版社,2004.

林振骥,劳家柽. 土壤农化分析法[M]. 北京:农业出版社,1961.

刘百峰,宋翠. Linux 操作系统教程[M]. 北京:北京理工大学出版社,2016.

刘忆智. Linux 从入门到精通[M]. 2 版. 北京:清华大学出版社,2014.

马季兰,冯秀芳. 操作系统原理与 Linux 系统[M]. 北京:人民邮电出版社,1999.

马琳. 土壤微生物多样性影响因素及研究方法综述[J]. 乡村科技,2019(33):112-113.

闵航. 微生物学实验,实验指导分册[M]. 杭州:浙江大学出版社,2005.

农颖杰,卢昱帆,许诗萍,等. 基于 rDNA 序列分析的 3 种丛枝菌根真菌分子鉴定方法比较[J]. 南方农业学报:1-14.

青海省农林科学院综合分析室. 实用土壤农化分析法[M]. 西宁:青海人民出版社,1984.

饶冬梅. NCBI 数据库及其资源的获取[J]. 科技视界，2013（7）：2.

任玉连，董醇波，邵秋雨，等. 冗余分析在微生物生态学研究中的应用[J]. 山地农业生物学报，2022，41（1）：41-48.

沈萍，陈向东. 微生物学实验[M]. 4 版. 北京：高等教育出版社，2007.

唐丽杰. 微生物学实验[M]. 哈尔滨：哈尔滨工业大学出版社，2005.

田耕，刘炯晖. NCBI 网站及 GenBank 数据库概述[J]. 国外医学（分子生物学分册），2000（5）：317-320.

王秀菊，王立国. 环境工程微生物学实验[M]. 青岛：中国海洋大学出版社，2019.

肖明，王雨净，微生物学实验[M]. 北京：科学出版社，2008.

徐德民. 操作系统原理 Linux 篇[M]. 北京：国防工业出版社，2004.

许彦明，刘彩霞，吴慧，等. 油茶林生草栽培对土壤理化性质、微生物多样性及酶活性的影响[J]. 经济林研究，2023（1）：45-51.

杨剑虹，王成林，代亨林. 土壤农化分析与环境监测[M]. 北京：中国大地出版社，2008.

张辉. 土壤环境学实验教程[M]. 上海：上海交通大学出版社，2009.

张小凡. 环境微生物学[M]. 上海：上海交通大学出版社，2013.

张玥，姜爱霞，郭笃发. 基于 16S rDNA 基因文库的黄河三角洲盐生植被土壤细菌群落多样性研究[J]. 安徽农业科学，2015，43（13）：55-57，164.

赵玉萍，方芳，干建松. 应用微生物学实验[M]. 南京：东南大学出版社，2022.

赵志光. R 语言基础[M]. 兰州：兰州大学出版社，2019.

郑洪元，张德生. 土壤蛋白酶活性的测定及其性质[J]. 土壤通报，1981（3）：32-34.

周德庆. 微生物学教程[M]. 北京：高等教育出版社，2011.

Ahmad F，Ahmad I，Khan M S. Screening of free-living rhizospheric bacteria for their multiple plant growth promoting activities[J]. Microbiological Research，2008，163（2）：173-181.

Alef K. Enrichment，isolation and counting of soil microorganisms[M]//Methods in applied soil microbiology and biochemistry. Academic Press，1995：123-191.

Alteio L V，Séneca J，Canarini A，et al. A critical perspective on interpreting amplicon sequencing data in soil ecological research[J]. Soil Biology and Biochemistry，2021，160：108357.

Apprill A，McNally S，Parsons R，et al. Minor revision to V4 region SSU rRNA 806R gene primer greatly increases detection of SAR11 bacterioplankton. Aquatic Microbial Ecology，2015，75（2），129-137.

Babalola O O. Beneficial bacteria of agricultural importance[J]. Biotechnology Letters，2010，32：1559-1570.

Barberán A，Bates S T，Casamayor E O，et al. Using network analysis to explore co-occurrence patterns in soil microbial communities[J]. The ISME Journal，2012，6（2）：343-351.

Bastian M，Heymann S，Jacomy M. Gephi：an open source software for exploring and manipulating networks[C]//Proceedings of the international AAAI conference on web and social media. 2009，3（1）：361-362.

Baudoin E，Benizri E，Guckert A. Impact of artificial root exudates on the bacterial community structure in bulk soil and maize rhizosphere[J]. Soil Biology and Biochemistry，2003，35（9）：1183-1192.

Becerra S C，Roy D C，Sanchez C J，et al. An optimized staining technique for the detection of Gram positive and Gram negative bacteria within tissue[J]. BMC Research Notes，2016，9（1）：1-10.

Beckers B，Beeck M O D，Thijs S，et al. Performance of 16S rDNA Primer Pairs in the Study of Rhizosphere and

Endosphere Bacterial Microbiomes in Metabarcoding Studies[J]. Frontiers in Microbiology, 2016, 7. DOI:10.3389/fmicb.2016.00650.

Benson D, Boguski M, Lipman D J, et al. The national center for biotechnology information[J]. Genomics, 1990, 6 (2): 389-391.

Bilal S, Shahzad R, Imran M, et al. Synergistic association of endophytic fungi enhances Glycine max L. resilience to combined abiotic stresses: Heavy metals, high temperature and drought stress[J]. Industrial Crops and Products, 2020, 143: 111931.

Boersma F G H, Otten R, Warmink J A, et al. Selection of Variovorax paradoxus-like bacteria in the mycosphere and the role of fungal-released compounds[J]. Soil Biology and Biochemistry, 2010, 42 (12): 2137-2145.

Bokhari S N. The Linux operating system[J]. Computer, 1995, 28 (8): 74-79.

Braud A, K Jézéquel, Bazot S, et al. Enhanced phytoextraction of an agricultural Cr- and Pb-contaminated soil by bioaugmentation with siderophore-producing bacteria[J]. Chemosphere, 2008, 74 (2): 280-286.

Bridson E Y, Brecker A. Chapter III Design and formulation of microbial culture media[M]//Methods in microbiology. Academic Press, 1970, 3: 229-295.

Brown G R, Hem V, Katz K S, et al. Gene: a gene-centered information resource at NCBI[J]. Nucleic Acids Research, 2015, 43 (D1): D36-D42.

Brundrett M C, Tedersoo L. Evolutionary history of mycorrhizal symbioses and global host plant diversity[J]. New Phytologist, 2018, 220 (4): 1108-1115.

Bürgmann H, Pesaro M, Widmer F, et al. A strategy for optimizing quality and quantity of DNA extracted from soil[J]. Journal of Microbiological Methods, 2001, 45 (1): 7-20.

Burland T G. DNASTAR's Lasergene sequence analysis software[J]. Bioinformatics Methods and Protocols, 1999, 132: 71-91.

Cao S, Zhang J, Liu Y, et al. Net value of farmland ecosystem services in China[J]. Land Degradation & Development, 2018, 29 (8): 2291-2298.

Cardinale M, Grube M, Erlacher A, et al. Bacterial networks and co‐occurrence relationships in the lettuce root microbiota[J]. Environmental Microbiology, 2015, 17 (1): 239-252.

Carter M R, Edward G G. Soil sampling and methods of analysis[M]. CRC Press, 2007.

Chao A, Yang M C K. Stopping rules and estimation for recapture debugging with unequal failure rates[J]. Biometrika, 1993, 80 (1): 193-201.

Chao A. Nonparametric estimation of the number of classes in a population[J]. Scandinavian Journal of Statistics, 1984 (11): 265-270.

Clark F E. Agar-plate method for total microbial count[J]. Method of Soil Analysi, 1965, 2: 1460-1466.

Cline M G. Principles of soil sampling[J]. Soil Science, 1944, 58 (4): 275-288.

Contreras-Cornejo H A, Macías-Rodríguez L, del-Val E, et al. Interactions of Trichoderma with plants, insects, and plant pathogen microorganisms: chemical and molecular bases[J]. Co-evolution of secondary metabolites, 2020: 263-290.

de Menezes A B, Richardson A E, Thrall P H. Linking fungal-bacterial co-occurrences to soil ecosystem function[J]. Current Opinion in Microbiology, 2017, 37: 135-141.

Dick R P. Methods of Soil Enzymology[M]. John Wiley & Sons, 2020.

Dubey A, Malla M A, Khan F, et al. Soil microbiome: a key player for conservation of soil health under changing climate[J]. Biodiversity and Conservation, 2019, 28: 2405-2429.

Electron microscopy: methods and protocols[M]. Springer Science & Business Media, 2008.

Estefan G, Sommer R, Ryan J. Methods of soil, plant, and water analysis[J]. A manual for the West Asia and North Africa region, 2013, 3: 65-119.

Farooq T H, Kumar U, Mo J, et al. Intercropping of peanut-tea enhances soil enzymatic activity and soil nutrient status at different soil profiles in subtropical southern China[J]. Plants, 2021, 10 (5): 881.

Fazzini R A B, Levican G, Parada P. Acidithiobacillus thiooxidans secretome containing a newly described lipoprotein Licanantase enhances chalcopyrite bioleaching rate[J]. Applied Microbiology and Biotechnology, 2011, 89 (3): 771-780.

Fierer N, Breitbart M, Nulton J, et al. Metagenomic and small-subunit rRNA analyses reveal the genetic diversity of bacteria, archaea, fungi, and viruses in soil[J]. Applied and Environmental Microbiology, 2007, 73 (21): 7059-7066.

Forster J C. Soil sampling, handling, storage and analysis[M]//Methods in applied soil microbiology and biochemistry. Academic Press, 1995: 49-121.

Frey-Klett P, Burlinson P, Deveau A, et al. Bacterial-fungal interactions: hyphens between agricultural, clinical, environmental, and food microbiologists[J]. Microbiology and Molecular Biology Reviews, 2011, 75 (4): 583-609.

Gancarz M. Linux and the Unix philosophy[M]. Digital Press, 2003.

Gandrud C. Reproducible research with R and R studio[M]. CRC Press, 2013.

Geer L Y, Marchler-Bauer A, Geer R C, et al. The NCBI biosystems database[J]. Nucleic Acids Research, 2010, 38 (suppl_1): D492-D496.

Getzke F, Thiergart T, Hacquard S. Contribution of bacterial-fungal balance to plant and animal health[J]. Current Opinion in Microbiology, 2019, 49: 66-72.

Grimont P A D. Use of DNA reassociation in bacterial classification[J]. Canadian Journal of Microbiology, 1988, 34 (4): 541-546.

Guo M, Wu F, Hao G, et al. Bacillus subtilis improves immunity and disease resistance in

Gupta S, Schillaci M, Walker R, et al. Alleviation of salinity stress in plants by endophytic plant-fungal symbiosis: Current knowledge, perspectives and future directions[J]. Plant and Soil, 2021, 461: 219-244.

Guseva K, Darcy S, Simon E, et al. From diversity to complexity: Microbial networks in soils[J]. Soil Biology and Biochemistry, 2022, 169: 108604.

Hagh-Doust N, Färkkilä S M A, Moghaddam M S H, et al. Symbiotic fungi as biotechnological tools: methodological challenges and relative benefits in agriculture and forestry[J]. Fungal Biology Reviews, 2022.

Han J, Xia D, Li L, et al. Diversity of Culturable Bacteria Isolated from Root Domains of Moso Bamboo (*Phyllostachys edulis*) [J]. Microbial Ecology, 2009, 58 (2): 363-373.

Hoeksema J D, Chaudhary V B, Gehring C A, et al. A meta-analysis of context-dependency in plant response to inoculation with mycorrhizal fungi[J]. Ecology Letters, 2010, 13 (3): 394-407.

Huang Y, Sheth R U, Zhao S, et al. High-throughput microbial culturomics using automation and machine learning[J]. Nature Biotechnology, 2023: 1-10.

Hynes R K, Leung G C Y, Hirkala D L M, et al. Isolation, selection, and characterization of beneficial rhizobacteria from pea, lentil, and chickpea grown in western Canada[J]. Canadian Journal of Microbiology, 2008, 54 (4): 248-258.

Ihaka R, Gentleman R. R: a language for data analysis and graphics[J]. Journal of Computational and Graphical Statistics, 1996, 5 (3): 299-314.

Johnson M, Zaretskaya I, Raytselis Y, et al. NCBI BLAST: a better web interface[J]. Nucleic Acids Research, 2008, 36 (suppl_2): W5-W9.

Kaymak H Ç, Güvenç İ, Yarali F, et al. The effects of bio-priming with PGPR on germination of radish (*Raphanus sativus* L.) seeds under saline conditions[J]. Turkish Journal of Agriculture and Forestry, 2009, 33 (2): 173-179.

Köhl L, Lukasiewicz C E, Van der Heijden M G A. Establishment and effectiveness of inoculated arbuscular mycorrhizal fungi in agricultural soils[J]. Plant, Cell & Environment, 2016, 39 (1): 136-146.

Krsek M, Wellington E M H. Comparison of different methods for the isolation and purification of total community DNA from soil[J]. Journal of Microbiological Methods, 1999, 39 (1): 1-16.

Kumar S, Tamura K, Nei M. MEGA: molecular evolutionary genetics analysis software for microcomputers[J]. Bioinformatics, 1994, 10 (2): 189-191.

Lahlali R, Ibrahim D S S, Belabess Z, et al. High-throughput molecular technologies for unraveling the mystery of soil microbial community: Challenges and Future Prospects[J]. Heliyon, 2021, 7 (10): e08142.

Layeghifard M, Hwang D M, Guttman D S. Disentangling Interactions in the Microbiome: A Network Perspective[J]. Trends in Microbiology, 2017, 25 (3): 217-228.

LeFevre G H, Hozalski R M, Novak P J. Root exudate enhanced contaminant desorption: an abiotic contribution to the rhizosphere effect[J]. Environmental Science & Technology, 2013, 47 (20): 11545-11553.

Legendre P, Anderson M J. Distance-based redundancy analysis: testing multispecies responses in multifactorial ecological experiments[J]. Ecological Monographs, 1999, 69 (1): 1-24.

Li Y, Fang F, Wei J, et al. Humic acid fertilizer improved soil properties and soil microbial diversity of continuous cropping peanut: a three-year experiment[J]. Scientific Reports, 2019, 9 (1): 1-9.

Liu Y, Li J, Zhang H. An ecosystem service valuation of land use change in Taiyuan City, China[J]. Ecological Modelling, 2012, 225: 127-132.

Lozupone C A, Knight R. Species divergence and the measurement of microbial diversity[J]. FEMS Microbiology Reviews, 2008, 32 (4): 557-578.

Lundberg D S, Yourstone S, Mieczkowski P, et al. Practical innovations for high-throughput amplicon sequencing[J]. Nature Methods, 2013, 10 (10): 999-1002.

Maglott D, Ostell J, Pruitt K D, et al. Entrez Gene: gene-centered information at NCBI[J]. Nucleic Acids Research, 2005, 33 (suppl_1): D54-D58.

Mason B J. Preparation of soil sampling protocols: sampling techniques and strategies[R]. Nevada Univ., Las Vegas, NV (United States). Environmental Research Center, 1992.

Matchado M S, Lauber M, Reitmeier S, et al. Network analysis methods for studying microbial communities: A mini review[J]. Computational and Structural Biotechnology Journal, 2021, 19: 2687-2698.

McDonald D G, Dimmick J. The conceptualization and measurement of diversity[J]. Communication Research, 2003, 30 (1): 60-79.

Methods of soil analysis, part 3: Chemical methods[M]. John Wiley & Sons, 2020.

Microbes and microbial technology: agricultural and environmental applications[M]. Springer Science & Business Media, 2011.

Nielsen U N, Wall D H, Six J. Soil biodiversity and the environment[J]. Annual Review of Environment and Resources, 2015, 40: 63-90.

Okalebo J R, Gathua K W, Woomer P L. Laboratory methods of soil and plant analysis: a working manual second edition[J]. Sacred Africa, Nairobi, 2002, 21: 25-26.

Parada A E, Needham D M, Fuhrman J A 2016 Every base matters: assessing small subunit rRNA primers for marine microbiomes with mock communities, time series and global field samples. Environmental Microbiology, 2016, 18 (5), 1403-1414.

Peng J, Wang Y, Wu J, et al. Ecological effects associated with land-use change in China's southwest agricultural landscape[J]. International Journal of Sustainable Development & World Ecology, 2010, 13 (4): 315-325.

Plassart P, Terrat S, Thomson B, et al. Evaluation of the ISO standard 11063 DNA extraction procedure for assessing soil microbial abundance and community structure[C]. 2012.

Power A G. Ecosystem services and agriculture: tradeoffs and synergies[J]. Philosophical Transactions of the RRoyal Society B: BBiological Sciences, 2010, 365 (1554): 2959-2971.

R Core Team R. R: A language and environment for statistical computing[R]. 2013.

Ramakrishna W, Rathore P, Kumari R, et al. Brown gold of marginal soil: Plant growth promoting bacteria to overcome plant abiotic stress for agriculture, biofuels and carbon sequestration[J]. Science of The Total Environment. 2020, 711: 135062.

Ritz K, Young I M. Interactions between soil structure and fungi[J]. Mycologist, 2004, 18 (2): 52-59.

Rosas-Medina M, Maciá-Vicente J G, Piepenbring M. Diversity of fungi in soils with different degrees of degradation in Germany and Panama[J]. Mycobiology, 2020, 48 (1): 20-28.

Rouf A, Kanojia V, Naik H R, et al. An overview of microbial cell culture[J]. Journal of Pharmacognosy and Phytochemistry, 2017, 6 (6): 1923-1928.

Russo F, Righelli D, Angelini C. Advantages and limits in the adoption of Reproducible Research inside R-tools for the analysis of omic data[J].

Sarkar D. Physical and chemical methods in soil analysis[M]. New Age International, 2005.

Sayers E W, Barrett T, Benson D A, et al. Database resources of the national center for biotechnology information[J]. Nucleic Acids Research, 2010, 39 (suppl_1): D38-D51.

Schinner F, et al. Methods in soil biology[R]. Springer Science & Business Media, 2012.

Schoch C L, Ciufo S, Domrachev M, et al. NCBI Taxonomy: a comprehensive update on curation, resources and tools[J]. Database, 2020.

Scibetta S, Schena L, Abdelfattah A, et al. Selection and Experimental Evaluation of Universal Primers to Study the Fungal Microbiome of Higher Plants[J]. Phytobiomes Journal, 2018, 2 (4): 225-236

Sebastiana M, da Silva A B, Matos A R, et al. Ectomycorrhizal inoculation with Pisolithus tinctorius reduces stress induced by drought in cork oak[J]. Mycorrhiza, 2018, 28: 247-258.

Shannon C E. A mathematical theory of communication[J]. ACM SIGMOBILE mobile computing and communications review, 2001, 5 (1): 3-55.

Sharon M, Sneh B, Kuninaga S, et al. Classification of *Rhizoctonia* spp. using rDNA-ITS sequence analysis supports the genetic basis of the classical anastomosis grouping[J]. Mycoscience, 2008, 49 (2): 93-114.

Shi J C, Wang X L, Wang E. Mycorrhizal symbiosis in plant growth and stress adaptation: from genes to ecosystems[J]. Annual Review of Plant Biology, 2023, 74, 569-607.

Shi Q, Jin J, Liu Y, et al. High aluminum drives different rhizobacterial communities between aluminum-tolerant and aluminum-sensitive wild soybean[J]. Frontiers in Microbiology, 2020, 11: 1996.

Shi Q, Liu Y, Shi A, et al. Rhizosphere soil fungal communities of aluminum-tolerant and-sensitive soybean genotypes respond differently to aluminum stress in an acid soil[J]. Frontiers in Microbiology, 2020, 11: 1177.

Siguenza N, Jangid A, Strong E B, et al. Micro-staining microbes: An alternative to traditional staining of microbiological specimens using microliter volumes of reagents[J]. Journal of Microbiological Methods, 2019, 164: 105654.

Simpson E H. Measurement of diversity[J]. Nature, 1949, 163 (4148): 688-688.

Smith S E, Smith F A. Fresh perspectives on the roles of arbuscular mycorrhizal fungi in plant nutrition and growth[J]. Mycologia, 2012, 104 (1): 1-13.

Stackebrandt E, Goebel B M. Taxonomic note: a place for DNA-DNA reassociation and 16S rRNA sequence analysis in the present species definition in bacteriology[J]. International Journal of Systematic and Evolutionary Microbiology, 1994, 44 (4): 846-849.

Swinton S M, Lupi F, Robertson G P, et al. Ecosystem services and agriculture: cultivating agricultural ecosystems for diverse benefits[J]. Ecological Economics, 2007, 64 (2): 245-252.

Tanase A M, Mereuta I, Chiciudean I, et al. Comparison of total DNA extraction methods for microbial community form polluted soil[J]. Agriculture and Agricultural Science Procedia, 2015, 6: 616-622.

Ter Braak C J F. Canonical correspondence analysis: a new eigenvector technique for multivariate direct gradient analysis[J]. Ecology, 1986, 67 (5): 1167-1179.

Ter Braak C J F. The analysis of vegetation-environment relationships by canonical correspondence analysis[J]. Vegetatio, 1987, 69: 69-77.

Torvalds L. Linux: a portable operating system[D]. University of Helsinki, 1997.

Turbat A, Rakk D, Vigneshwari A, et al. Characterization of the plant growth-promoting activities of endophytic fungi isolated from Sophora flavescens[J]. Microorganisms, 2020, 8 (5): 683.

Van Den Wollenberg A L. Redundancy analysis an alternative for canonical correlation analysis[J]. Psychometrika, 1977, 42 (2): 207-219.

Vandamme P, Pot B, Gillis M, et al. Polyphasic taxonomy, a consensus approach to bacterial systematics[J]. Microbiological Reviews, 1996, 60 (2): 407-438.

Wajahat A, Nazir A, Akhtar F, et al. Interactively visualize and analyze social network Gephi[C]//2020 3rd International Conference on Computing, Mathematics and Engineering Technologies (iCoMET). IEEE, 2020: 1-9.

Waksman S A. Principles of soil microbiology[M]. Williams & Wilkins, 1927.

Waqas M, Khan A L, Kamran M, et al. Endophytic fungi produce gibberellins and indoleacetic acid and promotes host-plant growth during stress[J]. Molecules, 2012, 17 (9): 10754-10773.

Wollum A G. Cultural methods for soil microorganisms[J]. Methods of Soil Analysis: Part 2 Chemical and Microbiological Properties, 1983, 9: 781-802.

Xiao G, Zheng Z, Wang H. Evolution of Linux operating system network[J]. Physica A: Statistical Mechanics and its Applications, 2017, 466: 249-258.

Ye J, McGinnis S, Madden T L. BLAST: improvements for better sequence analysis[J]. Nucleic Acids Research, 2006, 34 (suppl_2): W6-W9.

Zahir Z A, Munir A, Asghar H N, et al. Effectiveness of rhizobacteria containing ACC deaminase for growth promotion of peas (Pisum sativum) under drought conditions[J]. Journal of Microbiology and Biotechnology, 2008, 18 (5): 958-963.

Zhang M Z, Pereirae Silva M C, De Mares Maryam C, et al. The mycosphere constitutes an arena for horizontal gene transfer with strong evolutionary implications for bacterial-fungal interactions[J]. FEMS Microbiology Ecology, 2014, 89 (3): 516-526.

Zhang W, Ricketts T H, Kremen C, et al. Ecosystem services and dis-services to agriculture[J]. Ecological Economics, 2007, 64 (2): 253-260.